エシカルフード

山本謙治

JN030908

角川新書

まえがき

エシカルフードとは何だろう。エシカルとは「倫理的な」という意味の英語だ。つまり、エシカルフードとは〝倫理的に配慮された食品〟ということになる。近年さまざまなところで目にするようになったSDGｓの進展とともに、倫理的な消費である「エシカル消費」という言葉も知られるようになってきた。ただし、よくみかけるのはエシカルファッションやエシカルコスメといった分野においてであり、食に関するエシカルの知見は、まだそれほど蓄積されていないように感じられる。

本書は、倫理的に配慮された食品、すなわちエシカルフードとは、どんなテーマを含有し、具体的に何に配慮しているものを指すのか、現時点で世界で議論されていることを提示するものだ。エシカルに関わる問題の多くは欧米で積極的な議論がなされ、欧米でルール化された方針がSDGｓのような形で提示され、日本もそのルールに沿うことが求められている。食に関するエシカル問題も、その多くは欧米で議論されてきたテーマが提示されている。ただし日本と欧米はまったく違う文化的背景を持つこともあり、欧米で問題とされていることが、必ずしも日本でも同じ受け止められ方をするわけではない。欧米のエシカル意識に準じたルールの中には、現在の日本では実現しにくいものも存在する。ただ、そうしたことを無視して「日本は日本だから関係ない」とやり過ごすことは、もはやできない状況だ。ならば、日本が世界に誇ることができるエシカルな食のあり方を積極的に発信していくくらいの気概を持ちたいものだ。そのためには、いまどんなエシカル問題が存在しており、どのようなことに配慮していかなければならないのかを把握しておく必要がある。

本書は、そうしたエシカルフードを巡る状況を理解する一助になるように書かれている。第一部では、欧米で議論されているエシカル問題がどんなものなのかを、現地調査に基づいて整理する。第二部では、環境問題やフェアトレード、オーガニックといったさまざまな分野のエシカル問題で、何が議論されているのかを掘り下げていく。食のエシカルを巡る状況は日々変わっていき、議論の方向性もたびたび変わるため、常に動行を確認する必要はある。ただ、本書によりとても複雑に絡み合ったエシカル問題の糸口を提示できればと思う。

目次

編集協力／藤田実子
コラム翻訳／上原尚子

第一部　食のエシカルってなんですか

第一章　エシカルってなんだろう？

まずは、日本人が識《し》っておくべき、食に関わるエシカルとは何かということを、可能な限り平易に解説していこう。エシカル消費は、欧米ではかなり先行してその考え方が広まっているもので、日本にも遅ればせながらここ5年くらいの間で広まりつつあるものだ。現在、アパレル分野での取り組みがめざましいが、誰もが関わりを持つ食べ物についてのエシカル消費とはどんなものなのかを、特に採り上げていく。

先にエシカル消費は欧米が先行しているとしたが、どうも日本人が考えるエシカルと、欧米で議論されてきたエシカルのとらえ方にはギャップがあるように思える。そのギャップの源がそれぞれの国の文化の形成過程の違いにあるのは明白だが、放置しておくわけにもいかない。本書では、議論が先行していた欧米のエシカルに関するとらえ方を解説するという形で、ギャップを埋める努力をしていきたいと思う。

エシカル（ethical）とは英語で「倫理的な」「道徳的な」という意味の形容詞だ。このエシカルが消費という言葉と結びつくことによって「倫理的消費（Ethical Consumption）」というキーワードとなり、広く世界で使われている。日本では２０１０年あたりから「エシカルファッション」や「エシカルコスメ」など、アパレルやコスメの世界で先行してこの考え方が拡がり始めたが、ここ数年でそれらの分野に限らず、幅広い分野でエシカルという言葉を目にする機会が増えた。これにはいくつかの要因があると思うが、もっとも大きいのは、国連が定めた持続的な開発目標であるＳＤＧｓとの関係だ。

●ＳＤＧｓに語られていることもエシカル

ＳＤＧｓは長年行われてきた資源収奪型の開発ではなく、持続可能な開発をしていこうと呼びかけるもの。17の分野に対して持続可能で多様性と包摂性のある社会を実現するための目標が定められている。日本でも２０１８（平成30）年あたりからじわじわと認知が拡がり、特に大手企業が「ＳＤＧｓに対応しなければ退場させられる」と認識し始め、令和に入ってからは業種に関係なくＳＤＧｓ対応が叫ばれるようになっている。そのＳＤＧｓで目標とされていることをみると、たとえば「あらゆる場所のあらゆる形態の貧困を終わらせる」、「飢餓を終わらせる」、「気候変動およびその影響と軽減するための緊急対策を講じる」といった「倫理的な言葉」が並ぶ。

じつを言えば、ＳＤＧｓの基本コンセプトは新しいものではない。ＳＤＧｓの「Ｓ」はサステナビリティつまり持続可能性を表し、続く「D」はディベロップメントつまり開発を示している。この「持続可能な開発」という言葉が現れたのはなんと1987年で、国連による「環境と開発に関する世界委員会」の報告書において、中心的な概念として提唱された。当時行われていた資源収奪型の開発ではなく「将来の世代が困ることのないようにしつつ、現在の世代の欲求も満足させる開発」を目指そうということである。

このサステナビリティという言葉は当時、主に環境に対する働きかけを表すことが多かった。例えば筆者が専門とする農業の世界では1990年代前半、Sustainable Agriculture（持続可能な農業）というテーマで研究者らがメールでやりとりするグループがあり、その議論の模様をインターネット上で閲覧することができた。そこでは環境保全型の農業のための技術や、土壌流出や干ばつなどをどのように解決するかといった議論がかわされていた。当時、大学生だった私はこのグループでやりとりされる内容をワクワクしながら読んでいたものだ。

しかしそれ以降、持続可能性という言葉は環境問題以外の分野でも使われるように拡大し、変化していく。例えば今日「サステナブルな経営」というとき、そこでは環境に配慮するという意味のみならず、社会問題にも対応し、財務状態が健全で、事業が次代へ引き継がれることまでが含まれている。「社会問題」には労働者の権利や健全な利益分配といった企業ガバナンスの問題はもちろん、事業が及ぼす社会的な影響すべてを含有している。つまり、サステナブルという言葉はもう環境に留まらないBIG WORDと位置づけられている。そのサステナビリティと表裏一体の関係にあるのがエシカルという言葉だ。サステナビリティが社会問題まで範囲を拡げたとき、それは常に倫理の問題に直結していると考えられる。つまり、エシカルという言葉は、ＳＤＧｓで設定された数々のサステナビリティの目標と連関するパワーワードなのである。

●欧米と日本のエシカル観念の違い

倫理的な消費をしようという考え方は、主に欧米から始まったといっていいだろう。たとえば消費者が共同購入をすることで、よりよい商品選びをできるようにということを目的とした生活協同組合運動は、イギリスのロッジデールという取り組みが最初で、１８００年代に始まった。日本にもそれぞれの都道府県で生協組織が頑張っているが、そのおおもとは消費者の運動にあるのだ。また、国際的な貿易において、相手国の商品を買い叩《たた》くようなことはせず、公正な取引をしようというフェアトレードの運動は１９５０年前後にアメリカ、イギリス、オランダなどで多発的に始まった。そして、人間のみならずペットや家畜といった動物も、よりよく生きる権利があるべきだというアニマルウェルフェアの運動も、１９６０

年代にイギリスで始まった。こうしてみると、ヨーロッパがそうした動きを主導しているようにみえる。

なぜヨーロッパでそうした動きが先んじて興ったのかということについては、さまざまな説がある。たとえばエシカルに敏感といわれるイギリスは、産業革命によって他国に先駆けて近代化を進め、多くの植民地を支配し、富を積み上げてきた。ある意味、ＳＤＧｓの正反対の開発をしてきたといえる。だからこそ、倫理的な問題にどこよりも早く気付くこととなったといえるかもしれない。エシカルへの感度が高いのはもちろんイギリスだけではない。ドイツは環境問題に対してつねに先進的な政策を採用し、国民の意識も非常に高い。また、いまやオランダにデンマーク、フィンランドなどは、国を挙げてのサステナビリティに対する意識が非常に高いホットスポットである。ヨーロッパの主要国はおしなべて「倫理」や「公平性」に敏感だといっていいだろう。

対して日本のエシカル消費についての状況は、欧米社会とは大きな違いがある。もちろん日本にも独自の、極めて高い倫理観や道徳観が根付いている。ただ、キリスト教などの宗教と密接な関係を持ち、また市民がさまざまな権利を獲得するためにさまざまな戦いを経てきたヨーロッパの文化的背景とはまったく違うところから生まれたものであり、日本とヨーロッパの価値観には大きな隔たりがある。そして残念ながら、ヨーロッパから興ったエシカル消費の文脈でいえば、日本はかなり遅れてしまっている。現状ではヨーロッパ・アメリカがエシカル消費についての議論のデファクトスタンダードを構築しつつあり、ルール化を検討しているところだ。残念ながらそのルール作りに日本が参加し、大きな存在感を発揮しているという事実はないのである。

●利己的か、利他的か。その見解の違いがギャップ

多くの人が「いや、日本だって倫理的な文化背景がある」と言いたくなるのはわかる。ただ、こんな話がある。２０００年代初頭、農産物から無登録農薬が検出され、食の不安を巻き起こした事件があった。これを契機に「食品にトレーサビリティを導入し、消費者の不安を解消しよう」という気運が高まった。本来、トレーサビリティは商品の流通過程を明示化するためのものであって、商品の安全性を担保するためのものではない。しかし日本では「トレーサビリティを確保すれば消費者は安全だ」という見せ方をすることで、社会の不安を沈静化させようとしたのだ。その頃、国連機関の仕事をしていた私の友人がスイスから帰国した際に、私に対してプンプン憤りながらこう話してくれた。

「ほんとうに日本って子供じみた国よね。日本では食品のトレーサビリティは『消費者の安心のため』のものなんでしょ？　ヨーロッパでは逆なのよ。たとえば、ある商品が作られて

いる過程で、学校に行くべき子供が労働にかり出されていないか。生産者の賃金条件や労働環境は劣悪なものではないか。材料を揃えるために生態系を乱すような乱獲や乱伐を引き起こしていないか。そういった、サプライチェーンで非倫理的なことが起きていないかを確認することがトレーサビリティの大きな目的と考えられているの」

これをきいて、たしかにトレーサビリティの意味が、正反対といってよいほどに違うことを感じ、私は少し恥ずかしくなってしまった。日本では消費者が「最も保護されるべき存在」となっている節がある。だから、トレーサビリティに求められるのは流通段階を遡《さかのぼ》って、生産者や流通業者が消費者の利益に反することをしていないか？　を確認することに主眼が置かれている。対してヨーロッパ社会は消費者保護ではなく、非倫理的な社会問題が引き起こされていないかということを観るための仕組みとしてトレーサビリティをとらえているということだ。この2つは、まったく違う方向を指していることがお分かりだろうか。ひと言でいえば「利己的（自分のため）か利他的（他者のため）かの違い」といえばいいだろう。

このように、トレーサビリティという考え方一つをとっても、日本と欧米では考え方のギャップがある。そして、残念ながらギャップはそれだけではない。とはいえ、東日本大震災をはじめとする大きな災害が発生して以来、日本の雰囲気も変わってきたように思う。たとえば近年、ブラック企業における問題が話題に上ることが多くなったが、ほんの20年前まではそうしたことはあまり議論されていなかった。また２０１６年には、いちど廃棄された冷凍カツを販売するスーパーが問題となったが、この問題を契機に、まだ食べられる食品を廃棄するという、いわゆる食品ロスの問題もクローズアップされた。こうしたことから一概に導き出すことはできないものの、日本にも欧米と同じような目線でのエシカルの意識が高まりつつある、といえるのではないだろうか。

そのエシカルという言葉が、わたしたちにとって大切な食べものと結びついた言葉がエシカルフード、つまり食のエシカルである。エシカルという考え方は日本でアパレルやコスメなどから拡がったが、そろそろわたしたちが食べるものをエシカルな観点から選ぶということを真剣に考えるべき時が来たということだ。そのために、わたしたちは世界で語られているエシカル消費の文脈を識る必要があると思う。

第二章　じつは深い、オリンピックとエシカルの関係

●オリンピックを契機に食のエシカル元年が始まる

コロナ禍という大事のせいで、東京オリンピック・パラリンピックは思い通りに進まなかったが、じつはエシカル消費の考え方が日本で急速に浸透しつつあるきっかけの1つになるはずだった。というのも、世界最大のスポーツの祭典であるオリンピックは、ここしばらくの間で世界で最もエシカル度が問われるイベント運営をするという考え方になっているのだ。

２０１２年、イギリスのロンドンで開催されたオリンピック・パラリンピックでは、フード・ビジョンという概念が導入された。これはオリンピック関連の場で提供される食品全般に関するポリシーで、選手村や関係者、来場者に向けて提供される食事類についての規範だ。そこで語られているのは、「オリンピックで提供される食はエシカルであれ」というもの。たとえばシーフードに関しては、違法漁獲や乱獲をしていないことが認証されたものを採用しましょうということや、その他の食品も生産する際に環境を破壊しておらず、持続的な生産方式であり、また公正に取引されたものでなければならないといったことが定められてい

た。もちろんそうしたエシカルな食材はそうでないものに比べて高価で、入手も容易ではない。それなのになぜ、ロンドンオリンピックでフード・ビジョンが導入されたのか？　その背景には、オリンピックが引き起こしてきた環境破壊に対する圧力がある。

一般にオリンピックは17日間、パラリンピックは13日間程度開催される。そして、たった1ヶ月間程度の祭典の会場整備のために、多くの森林資源やエネルギーを消費し、結果的に、環境破壊が行なわれてきたといわれている。そうしたことから、１９９０年代あたりまではオリンピック運営者と環境ＮＰＯなどの関係は険悪なものだったそうだ。しかし２０００年代に入ると、世論の後押しもあり、オリンピックはエシカル路線に歩み寄るようになった。そうしてロンドンではフード・ビジョンが設定されたわけだ。そして２０１６年に開催されたリオオリンピックでも、フード・ビジョンは継承された。

いうまでもなく、オリンピックは大イベントだ。競技に出場する選手だけでも約1万人、関係者を加えればその2倍以上になるといわれる。ロンドンやリオでは、選手村以外の関連施設で１４００万食以上が提供されたというから、とにかくものすごい物量だ。これに加えて観客が会場周辺で飲み食いすることを考えると、途方もない消費が発生するだろうし、日本でもそれが望まれていた。

●日本には高すぎたエシカルの壁

　フード・ビジョンは開催国が任意に設定するもので、義務ではない。ただ、ロンドンに続きリオデジャネイロも導入したわけだから、日本だけやらないというわけにはいかない。しかし大きな問題がある。欧米で導入し、一定の成果を得たエシカルの基準は、日本にはちょっとハードルが高すぎたのだ。

　たとえば、ロンドンオリンピックで使用されたシーフードは、ＭＳＣという「持続可能な漁業」の認証を取得している漁業で獲られた水産物が推奨された。ＭＳＣとは、漁獲対象となる魚介類の資源量を把握し、それが枯渇せず、持続的に漁獲できるような方法で獲《と》られていることを認める仕組みのことだ。ＭＳＣラベルがついたシーフードを購入することはとてもエシカルということになるため、欧米では大手フードチェーンがＭＳＣ認証のついた水産物を積極的に使っている。あのマクドナルドも、２０１１年にヨーロッパ39ヵ国でＭＳＣ認証の白身魚をフィッシュバーガーに使うと宣言し、実行（２０１９年には日本マクドナルドも追随した）。私もイギリスやフランスの小売店頭でＭＳＣラベルの商品を何度も眼にした。

　でも日本では、ＭＳＣラベルを表示した商品はまだまだ多くはない。そして、日本が水産大国であると信じる方は驚かれるだろうが、日本の漁業は「資源を乱獲しすぎている」と世界から批判されている。もしもロンドン、リオのレベルで「ＭＳＣ認証製品以外は東京オリンピックの食卓で使用不可」と言われていたら、たとえばお寿司《すし》を出す際にも国産の魚は7種類、あとは輸入ものということになっていたかもしれない。実際、水産の現場ではこうしたことに対する危機意識を持つ人と、逆に「いまからしっかり認証もとって世界にアピールするチャンスだ！」と前向きにとらえる人で、かなり慌ただしい動きが出ていた。

いずれにせよ、コロナ前のオリンピックに向けた環境整備の中で、「食のエシカル」というテーマがようやく日本に、それも多方面で浮上してこようとしていた。ただ、今の段階では多くの人が「倫理や道徳なんて、消費者を動かせないよ、結局は安さとかが大事だよ」と思っているだろう。でも、本当にそうだろうか？

90年代、日本では環境問題の重要性について声を上げ訴えかける若者たちがいて、それに対して多くの大人は、「環境問題では食べられないよ」と小馬鹿にしたような態度を示していたように思う。しかし現在、環境問題を避けてビジネスを語ることはできない。多くの大手企業が名刺に再生パルプを使用したり、自社の環境報告書なるものを出したり、植林活動などに精を出したりしている。つまり、環境問題は、時間はかかったが、〝食えるテーマ〟になったのだ。私は、エシカルもまったく同じ軌跡を描くだろうと思っている。しかも、その浸透スピードはもっと早いはずだとも思っているのだ。

次の章では、具体的にどんな中身の食のエシカルがテーマとなるのかをみていこう。

第三章　エシカル消費ってどんなもの？

●食のエシカルにはどんな問題があるか

エシカルが食とどう結びつくのかということに入っていく前に、エシカルな取り組みが先駆的になされている欧米では、どんなエシカルな問題を議論しているのかが気になる。私なりにさまざまな文献をあたり、またＮＰＯなどの活動の内容をみてきた。

イギリスには、１９８９年にマンチェスターの大学生たちにより創刊されたその名も「Ethical Consumer」（以下エシカル・コンシューマー）という雑誌・オンラインのメディアがある。環境問題等の告発やアニマルウェルフェア、人権運動、フェアトレードの推進といった倫理的観点から企業活動や商品を評価し、購入するガイドブックとして誕生した。出版元のEthical Consumer Research Association（ＥＣＲＡ）は、消費者が非倫理的な商品をボイコット（不買）し、倫理に配慮した商品を積極的にバイコット（買い支え）することを創刊時から推奨し、さまざまなキャンペーン活動を行ってきた。そのためには、消費者が何をボイコットし、何をバイコットすればよいのかを判断するための指標を提供しなければならない。そこで同誌では、さまざまな企業の商品やサービスを倫理的な観点から採点するエシックスコア（Ethic Score）という独自の尺度で評価し、倫理的商品・サービス・企業のランキングを作成し公開してきた。こんにち、ＥＣＲＡは倫理的消費についての調査・出版・コンサルティングを行い、ＷＷＦやオックスファム等の国際的なＮＧＯ、ＮＰＯのプロジェクトに参画するなど、倫理的消費において大きな影響力を持つ主体となっている。

このエシカル・コンシューマーの創刊メンバーであり、いまも同団体の代表的存在であるロブ・ハリスン氏（後段で詳述する）は、私の会社が運営する「エシカルはおいしい!!」というオンライン・メディアのコラムの中でエシカル・コンシューマーが採り上げる倫理的問題を左記の３つの分野であると規定している。

「我々は「エシカル・コンシューマー」という雑誌をイギリスで立ち上げ、人々が考えるエシカルな問題について次の３つに分けました。

・環境に影響するもの
・人権および労働者の権利
・動物愛護

我々はよく知られたブランド（メーカー）とこうした問題を関連づけて紹介し、懸念すべき問題はどこかを分かりやすくしました。また賛同できない商品は掲載しないようにしました」

エシカル消費について研究するA.W Browneらの論文では、イギリスにおける小売業者や業界団体に政府機関、オーガニックやフェアトレード関連の認証機関、シンクタンクや政治ロビー団体等を調査し、多くの事業者の「倫理性」の定義が主に3つの分野に収斂《しゅうれん》するとしている。それは左記のようなものだ。

(i)人への取り組み
・児童労働への対応
・賃金　労働者を搾取しない公正な報酬
・労働者の待遇の公正性、平等な待遇
(ii)環境への取り組み
・持続的な土地利用・天然資源の活用
・化学肥料・農薬等に起因する汚染の減少と食品輸送等での環境コスト削減

(iii)動物への取り組み
・動物実験の排除
・アニマルウェルフェアの実践[1]

また、倫理問題に積極的に取り組んできたイギリスの生協組織であるコーペラティブ（COOP）は、毎年出版するEthical Operating Planという年次報告書において「民主的管理と利益の分配」、「協同組合の支援」、「コミュニティ繁栄」、「若者の活性化」、「環境保護」、「世界の貧困への取り組み（フェアトレード）」、「小売業としての責任」、「倫理的なファイナンス」という項目で具体的な目標項目や数値目標を挙げている。ここでも取り組みのテーマは重なっている。

このように現在、倫理的消費といった時に含有する問題の範囲は「環境」「人」「動物」であり、エシカル消費とは、これらに対して生じた倫理的な問題に対し、消費を通じて解決し

1　Browne, A. W. & Harris, P. J. C. & Hofny-Collins, A. H. & Pasiecznik, N. & Wallace, R. R., (2000)　P74 36Lより引用

ようとするアプローチだ、ととらえることができる。

ただ、「環境」「人」「動物」といっても、食の分野で何が問題なのかはわかりにくい。こんにち、どのような議論がなされているかをもう少しブレイクダウンすると、以下に示す7つほどのテーマ領域がみえてくる。

・環境問題
・アニマルウェルフェア
・人権・労働問題
・フェアトレード
・商品・サービスの持続可能性
・利益の公正な分配
・食品ロス

もちろんこの7つのテーマに限らず、もっと広く議論がなされていると思う。ただ、エシカルというときに、ここに挙げたものは必ず議論されているテーマだ。それぞれの、特に食に関する話題について説明していこう。

●環境問題

環境問題は、日本でも以前から議論されてきたことだから、これに関してはとてもわかりやすいだろう。が、欧米、とくにヨーロッパで議論されてきた環境問題について理解しておくと、今日のＳＤＧｓにつながる流れがわかりやすくなると思う。

環境問題への関心の高まりは世界で多発的に起こってはいるが、それを国レベルの政策に反映し、さらに世界に向けてルール化を進めたのはヨーロッパだ。そのヨーロッパが環境問題へどのような関心を抱いてきたのか。ＥＵの環境関連法の専門家である中西優美子《なかにしゆみこ》氏（一橋大学教授）によれば、現在のＥＵになる前身であるＥＣ時代からみると、その動きには５つの段階があるとされる。第１段階は１９７０年代までの間で、世界各国で開発に伴う環境汚染が問題となり始めた時期だ。この間、アメリカではレイチェル・カーソンがあの『沈黙の春』を発表、農薬などに含まれる化学物質による環境汚染の危険性を告発し、北欧ではスウェーデンが１９６８年に酸性雨の被害をＯＥＣＤの会合で報告するなど、先進国を中心に環境汚染についての認識が高まった。第２段階は１９７２年のパリＥＣサミットから、１９８６年あたりまでで、環境汚染への具体的な対策が世界中で実施され始めた時期だ。第３段階は、１９８０年代後半から１９９０年代前半だ。ＥＵ全体の環境政策の整備が進む一方で、世界的には地球温暖化対策の重要性が増していった。気候変動を抑えるための具体的な規制内容が１９９７年の京都議定書で規定された。さらにもう1点、欧州のその後の環境政策に大きな影響を与えたこの期間の出来事が、１９８７年のブルントラント報告書での「持続可能な開発」(Sustainable Development) 概念の提唱だ。そこでは将来の世代の欲求を満たしつつ、現在の世代の欲求も満足させるような開発としての「持続可能な開発」へ人類が移行することが重要であるとされた。第4段階は１９９１年のＥＵ条約から２０００年代前半まで。ＥＵが域外のグローバルな環境問題にも関与することを目指すことになった。その後、ＥＵ条約を修正した１９９７年署名のアムステルダム条約では、いよいよ「持続可能な開発」の概念が導入された。

そして２００７年のリスボン条約から現在までが第5段階だ。リスボン条約は、ＥＵの環境政策目標に「気候変動への対処」を新たに追加した。そして第5段階で最も大きな動きが、国連の採択したＳＤＧｓだといえるだろう。環境保護を重視する先進国と経済発展を優先させたい途上国との対立を調和するために「将来世代のニーズを損なうことなく現在の世代のニーズを満たすこと」を指す概念として、世界各国で共有されることとなったわけだ。

さて、以上のヨーロッパの環境問題に対する関心の変遷をみると、環境破壊や汚染という問題に対する関心はもちろんあり続けているものの、２０００年以降に最も大きなトピックになっているのは、やはり気候変動・地球温暖化対策だということがわかる。こんにち、商品の原料調達から製造、販売から廃棄、リサイクルまでのライフサイクル全体でのＣＯ２排出量を算定する「カーボン・フットプリント」が重視されたり、排出される温室効果ガス（以下ＧＨＧ）と、植林や森林の適正な管理で吸着されるＣＯ２を均衡させる「カーボン・ニュートラル」といった言葉が使われ始めているが、それらはすべて気候変動・地球温暖化対策に直結しているのである。

そうなると、食のエシカルでも気候変動に対する配慮が重要ということになる。たとえばいま、牛のゲップに含まれるメタンにＣＯ２の25倍もの温室効果があるということで、大豆などの豆類に含まれるたんぱく質を利用した代替肉が注目されている。ただその一方で、豆類に需要が集まると、今度は原生林を切り拓いて大豆やトウモロコシなどのような単一の作物を大規模に栽培することで、ＣＯ２を吸着してくれていた森林がなくなり、またその土地の生態系が崩れてしまうという見解もある。環境問題は一筋縄ではいかないことが多いのだ。

ちなみに、エシカルが注目されるきっかけにオリンピックが果たす役割が大きいことについてはすでに述べた通りだ。オリンピックは短期間で終わってしまうのに、その準備で建築などに大量の資材を使うため、森林伐採などの環境破壊が行われてしまう。そうしたことをしないようにしましょうと方向転換したのがロンドンだったわけだ。

日本でも環境問題は広く認知されているが、いま問題になっているのは水産資源。海に囲まれた水産国・日本だが、マグロやイカ、サバといった主要魚種の漁獲高が減少している。これは「獲りすぎ」によるものではないかという声も多く上がるようになった。じつはこれも立派な環境問題。ニホンウナギが絶滅の危機にあるというのはご存じだろうが、海外の研究者からは「絶滅しそうだとわかっているのにウナギを食べ続ける日本人は、もしかしたら野蛮な人たちなのか？」と思われているかもしれない。

環境問題には、有機農業・オーガニック農業もテーマとして含まれている。オーガニック農業とは何かというと、日本では多くの人が「農薬や化学肥料を使わない農業」であるととらえているだろう。ただ、そのとらえ方は、本質的なものではない。有機農業の本質は、有機物の循環の輪の中で農産物や畜産物が生産されるというものだ。たとえば理想的な有機農業のあり方として、農場の中に鶏や豚、牛といった家畜がいて、その家畜は牧草や作物の残渣《ざん》《さ》を食べて糞《ふん》や尿をする。その糞尿を堆肥《たいひ》にした肥料で、作物が栽培される。外から持って来たエネルギーを投入して農場を営むのではなく、農場内を有機物がグルグルと循環することで作物や家畜が育っていく。やや理想的な考え方に過ぎるかもしれないが、ヨーロッパにおける有機農業のあり方はこのようなイメージであるはずだ。しかし、日本でオーガニックというと「オーガニックというのは健康にいい農産物をつくるということではないの？」という声が聞こえてきそうだ。実はオーガニックという概念のとらえ方が、ヨーロッパと北米、そして日本では大きく異なっている。ヨーロッパでオーガニックと言えば、先の理想的な循環の姿を範とした「有機物の循環を大切にすることで、環境負荷の低い、持続可能な農業」としてとらえられている。従って、消費者がオーガニック食品を選ぶ動機も「サステナブルで環境によいから」というものと「質が高いから」という考え方であることが多い。一方アメリカでは、オーガニック食品は「健康によい」という側面で受け入れられている。これは、日本のような皆保険制度のないアメリカにおいては、多くの人が高額な医療に頼るのではなく、日々の食生活で健康を獲得していきたいと願っていることを反映していると思われる。われらが日本も、ややアメリカに近く「健康によさそう」ということと「農薬を使用しないことで、安全性が高そう」というイメージをオーガニックに抱く人が多い。ヨーロッパは利他的、アメリカや日本は利己的な見方とも言える。実際のところは、農薬や化学肥料を用いる慣行農業と有機農業で、安全性に関してはあまり変わりがないとする研究も多く、食品安全の世界においては有機農業のアドバンテージはないとする見方が優勢だ。ただ、環境に対する負荷が慣行農業に対して低いということは確実視されており、農林水産省もその点で有機農業を推進している。これについては、第二部で詳述したい。

●アニマルウェルフェア

日本人にもっとも理解しづらいのがこのテーマではないかと思う。要は、人が基本的人権を持つことと同じように、動物も最低限の福祉を得るべきという考え方であり、そのために制定されたルールだととらえればいいだろう。ヨーロッパでは古くから、ペットに対する劣悪な飼育を改善しようという動きがあり、ペット保護法や動物保護法といった法律を制定する国もあった。

一方、ペットではなく経済動物と呼ばれる家畜に関してもこの議論が巻き起こった。ヨーロッパではもともと畜産が盛んで、近代化が進み経済性を優先した畜産が進められてきた。そうなると狭い豚舎に豚をたくさん押し込めて飼ったり、鶏をケージに入れて運動させなかったり、不安やストレスを与えるような飼い方がなされた歴史もある。その反動として「家畜などの動物も倫理的に飼育すべきだ」という動きが起こったわけだ。この動きはヨーロッパのみならず米国やカナダ、豪州などにも拡がり、いまでは世界的にアニマルウェルフェアへの取り組みが進んでいる。

具体的にはどんなことが言われているのだろうか。アニマルウェルフェアを実践するとなると、基本となるのは次の「５つの自由」を確保すべきという考え方だ。

①　飢餓と渇きからの自由
②　苦痛・障害または疾病からの自由
③　恐怖および苦悩からの自由
④　物理的・熱の不快さからの自由
⑤　正常な行動ができる自由

畜産に関していえば、この5つの自由に配慮した飼い方をしなければならないということになる。さらっと読んでしまうと、なんだ、普通のことじゃないかと思われるかもしれない。しかし、日本の現代畜産の文脈でいえば、けっこう大変なことが多いのだ。

たとえば欧米のアニマルウェルフェア畜産では、牛や豚などは必ず、畜舎内だけではなく自由に屋外に出ることができるようにしていなければならないとすることが多い。広い土地を用意できる欧米ではそもそも放牧文化があるが、畜産に利用できる土地がすくない日本ではなかなか難しいことなのだ。

ただし、日本でもオリンピックを契機に、アニマルウェルフェアについての議論がされるようになってきた。北海道など、放牧が可能な地域の畜産農家が「アニマルウェルフェア畜産をするぞ」と宣言したり、山梨県が独自の認証を立ち上げたりもしている（これについてはアニマルウェルフェアの章で後述する）。これからどのように拡がるのか注視したいテーマだ。

●人権・労働問題

日本でここ数年の間、議論されているのがこの〝ブラック〟労働問題ではないだろうか。食の現場でも、ひどい低賃金労働や、人権を無視した労働条件で働かされるということをよくきく。ただ、欧米ではこのようなことはずっと昔から問題視され、そしてエシカルな話題の中心にあったといえる。

イギリスの大手生協組織の商品購買担当者にインタビューをしたときのことだ。どんなエシカルな取り組みをしているかと訊《き》くと、真っ先に出てきたのが「製造に携わる人達の労働環境を整備している」ということだった（第二部第四章で詳しく述べる）。先進国イギリスの大手生協となれば、全世界から商品を調達するわけだが、その際に重視するのは価格だけではなく、生産者の人権や労働環境がきちんとしたものかどうかということなのだ。取引先を安値で買い叩く小売業者が多い日本とはちょっと違うな、と驚いたものだ。

●フェアトレード

国際間の貿易の際に、相手国を買い叩くことなく、公正な価格で取引を行うフェアトレードも、日本でかなり浸透してきた。ここでいう公正な価格とは、人間らしい生活を確保できる、労働への正当な対価という意味。最近ではカフェでコーヒーを頼もうとするとフェアトレード認証を取得したものがメニューに載っていたり、フェアトレードチョコレートが街角の小さな食品店でも買えるようになったりと、拡がりをみせている。

ただし、気になるのは「全てがフェアトレード」の店はまだまだ少ないということ。メニューを開いたとき、数種のコーヒー産地の中にフェアトレード商品が1つあって目立つというのは、逆に言えば主流になっているとはいえないわけだ。そういう意味では、一部しか扱っていないフェアトレード商品を目立つところに置くというのは「隠《かく》れ蓑《みの》」または「ウォッシュ」的な使い方だと批判的にみられる場合もある。

一方、そうした部分的なフェアトレードではなく、取り扱い品目の9割以上がフェアトレードだというケースもみかける。あるファッションブランドでは、オーガニックコットン製品のほぼ全てをフェアトレードで購入していると聴いて驚いたことがある。なぜ驚いたかというと、そうした企業はことさらに「フェアトレードやってます」と喧伝《けんでん》したがるものだが、そのブランドは特に声高に宣伝をしていなかったからだ。

このように、フェアトレードへの取り組み度合いは企業によってバラバラなので、消費者がよく見極めることが大切なのかもしれない。

●商品・サービスの持続可能性

持続可能という意味のサステナビリティが商品・サービスにくっつくと、何を意味するのか。アニマルウェルフェアやフェアトレードなどのキーワードと違い、よくわからないかもしれない。持続的な開発といえば、いま生きる私たち世代だけが満足するような開発ではなく、一世代、二世代後にも負担にならないような開発をしましょうということ。先にも書いたが、私が学生の頃によく使われていた持続的な農業という言葉は、収穫を増やすために肥料などを多く投入する収奪型農業ではなく、10年、20年後も土壌が豊かになっているような農業のことを指していた。ただ、「次世代の負担にならない」はすでに農業や開発だけの話ではない。

日本で欧米に後れをとっているのは、商品の持続可能性かもしれない。日本は製造業が頑張ってきた工業国ということもあって、テレビや家電といった商品は数年使ったら買い換えるということが一般的。それに罪悪感を覚える人はあまりいないし、逆にメーカーはそれを前提に設計するので、商品自体があまり長持ちしない場合もある。この感覚でドイツに行くと、多くの家庭で家具や家電、または自家用車を長く大切に使っていることに驚いてしまう。

ガッチリと質実剛健に作られているものが多く、壊れても部品交換で商品を長く使えるように設計されているものが多いのだ（もっとも、最近のドイツではそうでもないという話もあるが）。

ではサービスの持続可能性とはなんだろう？　これはさきに挙げたブラック労働問題と根が同じで、よく考えたらできっこないサービスのことを考えればわかりやすい。お客を満足させるために、美味《おい》しくて新鮮、安全性も重視したものを、しかも安く売るというお店があれば、人気が出るのは当たり前。けれども美味しさも新鮮さも安全性も、どれもコストのかかる「価値」だ。それには相応の対価をいただかなければ成り立たないわけで、最後の「安く売る」ということは不可能なはずなのだ。今の日本ではこのように「行きすぎたサービス」が多く、それらが軌道修正を求められる時代になったように思う。

●利益の公正な分配

これもフェアトレードやブラック労働問題とつながることだ。ある商品が生産され流通し、販売されて消費者の手に渡るまでをサプライチェーンと呼ぶ。このチェーン内ではお金がやりとりされるわけだが、それが公正な分配になっているかという問題だ。フェアトレードは国際間の貿易に関する解決策だが、自国内での取引がフェアに行われないケースも多々ある。

最近、日本でもそうした不公正な分配について問題が出てきている。たとえば２０１７年には、スーパーマーケットなどで売られるもやしの業界団体が「こんな価格ではやっていけない」と声を上げたことが話題になった。また、同じ２０１７年には、農林水産省が豆腐などの日配商品がスーパー店頭で低価格で販売されていることを問題視したのだろう、調査報告と、適正な取引を行うためのガイドラインをまとめている。

これまでの日本は消費者優先、とにかくお客さんに安く提供しましょうということを重視したサービスが行われてきたわけだが、それによって収奪される一方のメーカーもあったわけだ。これからはそうしたことにも社会的にメスが入るかもしれない。ただし一方では、多くの生活者の可処分所得がだんだん減少しているという問題もあり、この辺はたいへんにデリケートな問題でもある。

●食品ロス

まだ食べることができるにもかかわらず、食品が捨てられてしまうというフードロス、食品ロスの問題は、２０１４年あたりから日本でも話題に上るようになった。

世界の食品ロスはＦＡＯの推計によればおよそ13億トン（２０１１年）。この量は世界で生産された食料の３分の１にあたるという。日本の食品ロスはおよそ５７０万トン（２０１９年度）。ただしここには農水産物の生産段階での廃棄や、備蓄食料の廃棄を含めておらず、ロスの実態はもっと大きいとみられている。

世界でも食品ロスに対する関心は高い。イタリアのスーパーシェフであるマッシモ・ボットゥーラ氏がミラノに開いた「レフェットリオ」は、一流シェフが廃棄対象食品を集めて料理し、貧困に苦しむ人に無償提供したことで、世界中から賞賛された。

日本の食品ロスは、食品製造業や外食産業などの事業者から出るものが54％、家庭からの廃棄が46％となっている。つまり食に関わる業者と消費者双方が食品ロスの削減に取り組まねばならないことを示している。

エシカルという言葉にはこうしたことが話題として含まれるということになる。これだけを観ると「なんだか難しいことが多いし、エシカルに興味を持つ人なんて少ないだろうし、誰も得をしなそうな話だ」と思うかもしれない。でも、そんなことはないのだ。次の章ではそうした話をしよう。

第四章　エシカルを探しにイギリスへ行ってきた

●エシカルは〝意識高い系〟だけのものではない

「エシカル」という言葉が指し示す内容はかなり多岐にわたり、しかもそれを実現していくのが、日本では大変なこともある。ここまではそうしたことを書いてきた。

では、食のエシカルをこれから私たちはどうとらえていったらいいのだろうか。おそらく多くの食の関係者は「食のエシカルが大事なのはわかるけど、結局それを大事だと思う人は、いわゆる〝意識高い系〟な人達であって、あまり大きな市場にはならないだろう」と考えているかもしれない。でも、エシカルについて日本よりも考えてきたヨーロッパでは、そうはなっていないようだ。

ここ10年ほど、私はエシカル先進国といえるイギリスに関心を寄せている。前章の「食のエシカルにはどんな問題があるか」のところでイギリスの「エシカル・コンシューマー」を紹介した。このメディアは、33年にもわたってさまざまな分野の商品やサービスについて「エシカルか否か」を多角的に評価し、ランク付けをしたうえで、倫理的な商品やサービスを選びたいという消費者に情報提供をしてきた。

●「ときどきエシカル」がパワーになる！

この「エシカル・コンシューマー」の中心人物、ロブ・ハリスン氏は、何度か来日しており、シンポジウムで講演をしたり、パネルディスカッションのパネリストとして登壇したりしている。私自身もイギリスで2度、日本でも2度インタビューをし、1度は我が家にお招きしてすき焼きと国産クラフトビールを愉《たの》しんでもらった。その対話の中でいろいろと興味深い話をきかせてもらった。先の「エシカルな市場には、意識高い系の人達しかいないのではないか」という質問をしたときのこと。うーん、と考えてから彼はこう答えてくれた。

「イギリス国民の調査をした結果わかったことなんですけど、常にエシカルなものしか買わないという人は5～10％程度しかいない。逆に、まったくエシカルなんて興味ないという人だって20～30％程度いる。ただ、その中間に60～75％くらいの、『ときどきエシカル』という人達がいるんです。重要なのはこの『ときどきエシカル』の層で、ときどきであっても7割あれば大勢力。もしかするといつもエシカル層よりも強大なバイイングパワーかもしれないんです。もしこの70％が無視できるような購買層であれば、メーカーやスーパーなども無視すればいいわけですが、この層の売上が非常に大きいので、企業にとってはエシカルを無視できないという状況になっているんです」

　これをきいてなるほど、と得心がいった。「ときどきエシカル」の人達は、たとえば5回に1回くらい、エシカルなものに手を伸ばすという、気まぐれな消費行動をする。でも、気まぐれであってもそれが全人口の70%もいれば、とてつもなく大きな市場となるのだ。

　たしかに日本でも、常に倫理的な消費をするという人口はそう多いものではないだろう。1970年代に勃興《ぼっこう》した有機農産物の宅配ネットワークの状況をみていても、会員数が大きく拡大しているわけではなく、一定の規模で推移している。つまり、毎食のように有機食品を購入している層は、国民全体からすればごく一部であり、その人達の購買額を総計しても、大きなものになるわけではない。

　一方で、ごく普通の生活をする消費者が、ほんの少しだけでもエシカルに軸足を移してくれたらどうなるだろう。その層は日本の主流で膨大だから、エシカルな買い物を10回に1回していた人が、5回に1回にシフトしただけでも、市場全体ではとてつもない拡大となり、市場が切り拓かれるということになるわけだ。

　ヨーロッパで展開する製造業者やサービス業者はそれがよくわかっているので、原料の調達に製造工程、労働体系やサービスの運用まで、エシカルを意識しているわけだ。

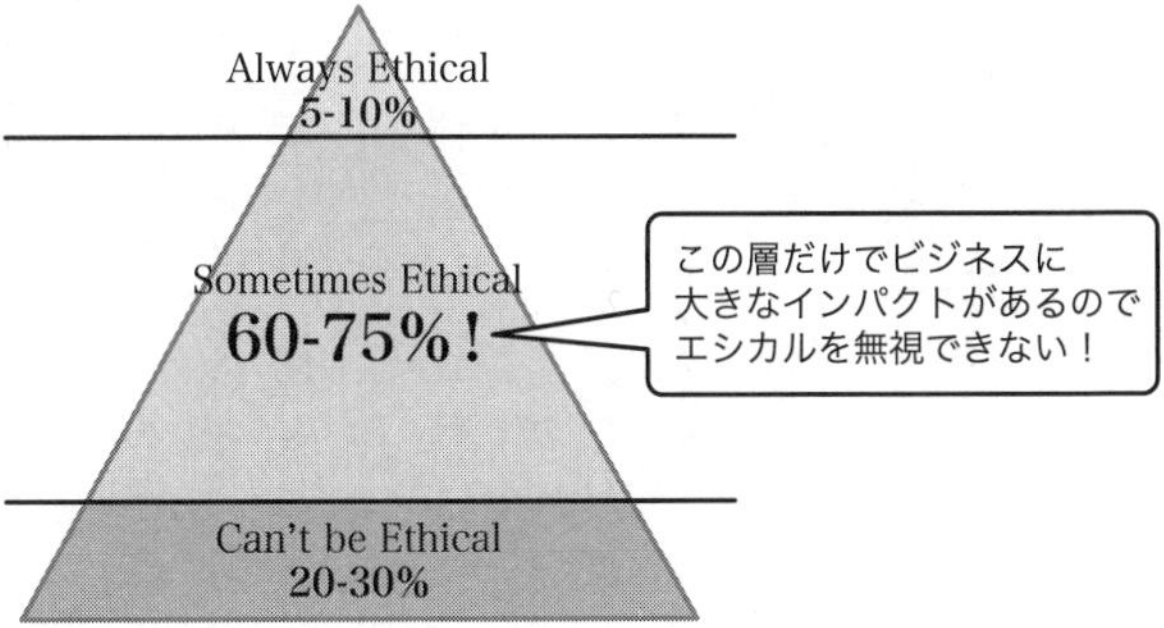

この層だけでビジネスに
大きなインパクトがあるので

倫理的な購買に関して消費者は3つのタイプに分けることができ、
"Always Ethical（アクティブな消費者）"が5-10%、
"Sometimes Ethical（それほどアクティブでない消費者）"が60-75%、
"Can't be Ethical"が20-30%と分布されてるという。

エシカルを支えるのは普通の人

●なぜイギリスはエシカルな消費を大切にするのか？

よく、世界的なチェーン展開をしているカフェ企業がコーヒーの調達でフェアでない取引を行ったという話や、サッカーの国際試合で使用されたボールが、開発途上国で児童労働によって生産されたものだ、というような報道がなされることがある。

大概は海外で話題になったニュースが、日本のメディアで傍流の話題という感じで紹介されるような位置づけなのだが、海外ではこうした話は実にシリアスに、そして大きな話題として採り上げられるのが常だ。特に、イギリスではそうした風潮が特に色濃い。

AWやフェアトレードへの取り組みも早くから行われてきた。また、消費者自身の互助的な組織であるCOOP、いわゆる生活協同組合もイギリスが発祥である。

そしてイギリス人で、いまや世界的に有名なイケメンシェフであるジェイミー・オリバーは、15分クッキングという番組で堂々と「いいかい、太平洋クロマグロは資源が枯渇しそうだから、使ってはいけないよ。マグロを使うならキハダマグロやビンチョウマグロがお薦めだ」というように、乱獲によって資源減少したものを使わないという主義を表明している。クロマグロやウナギを海外から集めて食べまくり、資源減少させている日本では、そんなことをいう料理研究家もシェフもテレビではほとんどみかけない。

イギリスという国では、エシカルな国民性が日本よりも強いのかもしれない。そういうと、イギリスに長期滞在したりビジネスをしたりしている人から「そんなことはないよ」という声が上がるかもしれないが、私のように倫理的な消費のあり方を研究している人間からすれば、はっきりと「イギリスはなにかが違う」といわざるを得ない。

筆者は北海道大学の大学院博士課程に在籍していた２０１４年と２０１５年、倫理的消費の研究の一環として、イギリスの農業者団体、小売の業界団体、ＣＯＯＰ、農業の業界紙の人たちにインタビュー調査をする旅をしてきた。結論からいうと「イギリスには確実に何かがあるのだが、それがなんなのかまだよくは見えない」ということになる。でも、その結論に至るまでの過程に、きっと関心を覚える人もいるだろう。イギリスをはじめとするＥＵ圏でビジネスをしたいという人にもためになる話題があるかもしれない。

ということで、イギリスにエシカルな消費を探しに行った旅の報告をさせてもらいたい。

●「倫理的消費者」という名前の買い物ガイド

旅の目玉と私が思っていたのが、すでに何度か登場しているマンチェスターに本拠を置く「エシカル・コンシューマー」だ。１９８９年創刊の「倫理的消費者」という、まさにそのもののタイトルのこのメディアは毎号、「チョコレート」や「家電製品」などテーマを設定し、その対象のエシカル度を独自の視点でランキングするというのを目玉にしている。彼らが企業や製品をランキングする際の指標にしているのが「エシックスコア」という採点基準で、これ自体、彼らが「なにをエシカルというのか」という哲学をよく表している。

たとえば、スーパーマーケットの特集号では、イギリスのスーパーチェーンを倫理的な活動をしているかいないかでランキング化していた。環境問題、人権・労働問題、アニマルウエルフェア、政治への関与などさまざまな項目で、そのチェーンがどのようなことをしているか（または何もしていないか）を徹底的に調べ上げて点数化するのだ。その結果、イギリスの最大手チェーンであるテスコやセインズベリーはかなり下位の方にランクされ、規模はすこし小さいけれどもエシカルな取り組みに熱心なチェーンが上位に評価されたりしている。こうした情報があるので、倫理的に買い物をしたいと願う消費者は、どこで買えば良いのかということがわかるようになっている。ランキングに関心のある人は、彼らのＷｅｂサイトで号ごとのダウンロード販売をしているので、入手してみてほしい。

このランキングがどのようにできているのかというと、たとえば「環境」というカテゴリでは、環境に配慮した商品を仕入れているか、環境を向上するような企業活動をしているか、といった判断項目がある。「労働」というカテゴリでは、働く人の人権が守られているか、児童が労働にかり出されていないかが採点されている。それらのわかりやすい基準以外に、たとえば戦争に使う武器を輸出しているグループ会社がないか、政策的にどのようなことを支持しているかといったところまでが採点の対象になる。

「エシカル・コンシューマー」の活動は出版だけではなく、むしろWebサービスで意欲的な取り組みがなされている。たとえばエシックスコアを自分なりに最適化しながら、どんな商品を選ぶべきかという絞り込みができるスコア・テーブルという機能がある。この機能では、FOODカテゴリからバナナを選ぶと、イギリスで流通するブランドをエシックスコアで判定できる。ユニークなのは、編集部の総合的な視点だけではなく、エシックスコアを自分好みに調整できるところだ。自分が環境問題よりも人権問題の方を大事だと考えるなら、「環境」のボタンをオフにし、逆に「人権」をオンにする。そうすると採点基準が変わるので、順位にも変動が出る。言ってみれば、自分の倫理観に沿った商品選びができるツールなのである。

この「エシカル・コンシューマー」の編集部には、イギリス行きを決めていの一番に取材依頼のメールを送り、そしてすぐさま「OK、歓迎します」というフレンドリーな返事をもらった。そしてまずマンチェスターを訪ねるということになったのである。

●問題点を見つけて声高に叫ぶ〝キャンペイナー〟

ヒースロー空港からトランジットでマンチェスターへ行くが、入国審査がとてつもなく厳しいのに驚く。ハブ空港というのは色んなリスクもあるのだろう。やっと着いたマンチェスターの思い切りトラディショナルなパブで、冷えていない地元ブルワリーのエールを堪能《たんのう》。そして朝、非常に評価の高いカフェでフルブレックファストをいただくが、パンや加工肉、そしてコーヒーに至るまでが実に美味しくてビックリした。

そしてとうとうエシカル・コンシューマーの編集部へ。このプロジェクトを立ち上げた張本人であるロブ・ハリスン氏が出迎えてくれた。日本からここ数年、同誌をチェックしてきた私としてはもう、大感激である。

インタビューは1時間半におよび、すべてをここに採録することはできないので、要点のみロブの口から語っていただこうと思う。

まずど真ん中の質問。イギリスではエシカルであることに対して意識が高いように思うが、いったいそれはなぜなんだろう？

「イギリスの中でもエシカルに対する意識の高い人、そうでもない人が分布していると思う。けれども、１９４５年にオックスファムという組織が、地球の裏側の生産者が貧困にあえいでいることを消費者に伝える活動を始めたのがフェアトレードの原点となっていて、ここイギリスではたしかにそうしたエシカルな取り組みが世間的に認知されやすいとは思っている。それはなぜかというと、『こういう問題がある』と大きな声で叫ぶ人がいるからなんだ。そういう人たちを〝キャンペイナー（活動家）〟と僕らは呼んでいる」

実はロブのこの発言を皮切りに、今回の調査の至る所でキャンペイナーという言葉が出てくることになる。日本語で「活動家」というとちょっと過激なイメージもあるが、イギリスではキャンペイナーが叫ぶ声に、一般市民が耳を傾けるようなのだ。

「キャンペイナーが問題を発見して声をあげ、メディアが採り上げる。そうすると企業はブランドイメージが壊れてしまう。だからイギリスの企業はエシカルな問題にきちんと取り組まざるをえないんだよ」

●キャンペイナーからはじまるイギリスのエシカル消費の構造

エシカル・コンシューマーの編集責任者であるロブ・ハリスンの話で知ることになった「キャンペイナー」の存在。イギリスでエシカルな問題が社会に拡がるとき、最初の発端を作る活動家たちのことだ。まず彼らが企業の活動から問題を発見して声を上げる。次にメディアがそれを採り上げて報道し、消費者が不買運動などの行動に繋《つな》げる。問題を指摘された当該企業は、ブランドを守るために問題解決を迫られる。

面白いのは、他企業もこの問題に対応した商品・サービスを投入せざるを得ないことだ。これによって、消費者は問題に対応した商品・サービスのみを購買するようになり、市場のあり方が変容する。

「たとえば昔、環境保護団体のグリーンピースが、冷蔵庫に使われているフロンガスが環境問題を引き起こしているというキャンペーンを張った。その際に、実際にフロンガスを使わない新しい冷蔵庫をドイツのメーカーに開発委託し、新製品を消費者に提案したんだ。そうしたら消費者がそれを買うようになり、6週間で完全に市場が変わったんだよ！」

この話は日本でも同じことが起こっている。パナソニック（当時は松下電器産業）が２００２年に日本でノンフロンの冷蔵庫を発表したところ、他社メーカーが続々と追随し、いまではノンフロン冷蔵庫ばかりだ。実際にエシカルは市場を動かし、創り出しているのだ。

それにしても、イギリスにはエシカルな人達が比較的多いから、こんな動きが起こるということなんだろうか？

「いや、そうではないと思うよ。『ときどきエシカル』の話をしたよね。実はこの層の売上が一番大きいから、企業にとってはエシカルを無視できないという状況なんだよ」

と、私は、ここで41ページにも書いた「ときどきエシカル」という言葉に出会ったわけだ。ああ！　なるほど、そういうことなのか。これは日本もまったく同じ状況と言えるんじゃないだろうかと勇気をもらった印象的なインタビューのシーンだ。

イギリスという国が優れてエシカル意識が高いというのはベースとしてあるのだろうと思

うが、それにしても国民全体をみれば、エシカルという動機でものを買う人たちの比率は、日本とそう変わらない構造なのだ。でも、多くの「無党派層」と言える人達が70％もいる。その人達は、ときたま「エシカルなものがいいな」と思って、そうした商品を買うことがある。その「ときたま」のボリュームがかなり多いということになれば、企業はエシカルな商品を作っておくに越したことはない、と判断するわけだ。

「どこの国でも大切なのは、商品やサービスに関する問題があるなら、それをしっかり調査して声を上げ、報道すること。そして、その商品・サービスに代替しうる選択肢を見つけるか、開発することなんだ。これによってマーケットが動くということを証明するのが、一番大事なことなんだよ」

と、ロブは教えてくれた。

そう、日本でも環境問題を声高に叫ぶだけではなくて、「この商品を買えば環境問題が解決する」という選択肢を用意することがとても大事だ。逆にいえば、「これを食べると問題が解決する！」という言い方をすれば、多くの消費者がエシカルな方向に向かってくれるかもしれない。

●イギリスの小売業者が心配するのは国産品が確保できなくなること？

エシカル・コンシューマーへのインタビュー以後、さまざまな組織へのインタビューが続いた。日本でいう全農のような、生産者を束ねる組織であるナショナル・ファーマーズ・ユニオン。また、小売業者の業界団体である英国小売連合、そしてイギリスの大手小売業者でもあるCOOP。こうしたプレイヤーたちにエシカル市場について話をきいたのだが、先に登場した「キャンペイナーが声を上げ、それがメディアに採りあげられ、問題が消費者に伝わって、企業が動く」という構造に関しては同じような意見だった。

それに加えて、いろいろと面白い動きが見てとれた。たとえば英国小売連合の「食品とサステナビリティ分野の責任者」であるアンドリュー・オーピー氏によれば、今後は小売業者よりも生産者の方が立場が強くなるのではないか、というのだ。

「イギリスはここ数年で人口が増えて、食料増産をしなければならなくなっています。また、中国など新興国が食料を大量に輸入し始めているということもあって、これから生産者は売り先の選択肢が多くなると考えています。ですから、長期的に見ると生産者が小売業者を選ぶ時代が来るかもしれません」

む、これはとても面白い指摘だ。実は日本も同様で、いままではスーパーが産地を買い叩くというのがよくある構図だったが、一方で高齢化と後継者不足によって農村の担い手が減少し、よい商品を仕入れることができなくなりつつあるのだ。そこでスーパーはいま、優良な生産者集団と個別に交渉し、長期的なパートナーシップを結ぼうとしている。モスバーガーがいくつかに地域を分散して、生産者と合弁でトマトやレタスを生産する拠点を建てているのもその1つの動きだといえるだろう。同じような危機感を、イギリスの小売業者は抱いているわけだ。

●イギリスのCOOPは生産者とパートナーシップを結んでいる

日本にも生協組織が存在するが、イギリスの小売業界で第6位の市場をもつCOOPは強大だ。世界でも最大の規模を持ち、イギリス国内での会員数は600万人。その売上はなんと1兆5000億円以上！　そのCOOPこそが、エシカルな商品・サービスを志すトップ企業だ。ここではその肩書きも「エシカル・トレーディング・マネージャー」であるアイシャ・アスワニさんの話を聴いた。

「COOPは会員制組織でもありますが、小売に関しては店舗事業が中心です。大規模店舗ではなく、小さなコンビニスタイルの店舗が全国に3000店。人口密集地で、お客さんが何度も足を運んで小さく買うという購買スタイルに合わせた戦略をとっています」

そう、イギリスの都市部では大きなスーパーではなく、コンビニ型の店舗が売上を伸ばしているのだそうだ。実際、大手小売のテスコやセインズベリーなどもコンビニ程度の小さな店舗をどんどん投入していた。日本と類似しているが、大きな違いは、イギリスの小規模店舗は生鮮品が充実していること。加工食品や惣菜《そうざい》、弁当しか並ばない日本のコンビニと違って、立派なスーパーといえる内容だった。

「私たちは農家を助けるために長期的に、たいていの場合、2年間は一定の価格で購入しています。その代わり、COOPから効率的な生産を行ったり、環境に負荷を与えない生産方式の指導を行ったりして、それを農家が実施したならばプレミア価格で購入しますよ、ということをしているんですね」

なるほど、やはりCOOPは生産者としっかりパートナーシップを結ぶことを念頭に置いた取引をしているのだ。

「イギリスで政治的に注目されているのは労働者の待遇で、サプライチェーンの中で人身売買や奴隷制度のようなことがなされていないかが問題になっています。以前、中国との水産物取引で労働者が事故にあったとき、業者が遺族に補償をしなかったという問題がありました。いまではそうした補償を行うことがルール化され、守らない業者は排除されます」

うーむ、これは日本が遅れている分野かもしれない。輸出国の人権問題、労働問題に対して、イギリスの国民はとても敏感であるようだ。そしてCOOPという組織は、そうした問題がない商品・サービスを提供するということを価値にして、成功しているわけである。

しかし疑問が残る。結局、なんでイギリスの人達はエシカルに敏感なんだろう。

●イギリスのエシカル消費の構造はいかにして確立されたのか

これまでに、イギリスでエシカルなムーブメントが支持されやすい背景にちょっとだけ日本と違う「構造」があるようだという話をしてきた。

まず環境や人権、労働問題などを発見し、声を上げるキャンペイナーという人たちがいる。この声がメディアによって拡散され、消費者は不買運動や抗議活動を行う。これによってブランドイメージが傷ついてしまうため、問題の対象とされた企業は改善を約束することになる。そして、他企業もその問題に対応した新商品やサービスを世に出すことで、「新しき市場」に参入する。これによって「世界が変わる」のである。

ここのミソは、イギリスでは「そんなの関係ないぜ、うちは相変わらずの低価格路線で行くぞ！」というような無体なスーパーは少なくて、多くの小売業者がこうした動きに同調しているということだ。もちろん最近、ドイツなどから安売りスーパーがやってきて、そうした流れが難しくなってきているという話もあるのだけれども、基本的に小売業者はこうした「エシカルの波」に乗ってくれるのだという。

もちろんこれは小売業者だけではなく、外食業者だって同じだ。スターバックスがコーヒー産地との取引問題で非難されていたときもイギリスのメディアは率先してこの問題を報じていたようだ。またエシカルなレストランのランキングなるものが存在していて、有名シェフのレストランでは絶滅が危惧《きぐ》されている食材は使わないし、顧客もそうしたことをわきまえている。

イギリスという国はそうしたエシカル精神の発露の度合いが、日本よりもすこし上回っているらしい。しかし、それは一体なんでなの？　という問いが残る。

実をいうと、イギリスでの取材・調査ではこの根本的な部分の解明はできなかった。もちろん、全ての相手に質問をぶつけはした。

「日本ではこうした場合にもメディアも騒がず、消費者運動も起きないことが普通だが、なぜイギリスではエシカルに敏感な消費者が多いのか？」と。

しかし、インタビュー相手のほとんどが、質問自体がよくわからないなぁ、という顔をするのだ。きっと日本を旅する外国人旅行者が「なんで日本では、落とした財布が戻ってくるんだ？」と驚くのと同じことなのかもしれない。

ただ、日本でも財布が戻ってくることもあれば、戻ってこないこともある。実際には戻ってこない方が多いかもしれない。つまり程度の問題であって、全国的に確実にこうだということはいえない。それと同じで、イギリスでも全てがエシカルというわけではない。

●イギリスでも価格競争は確実に進んでいる

たとえば、イギリスで最大の農業者向け雑誌「FarmersWeekly」の編集者であるイザベル・デイビスさんにこの話を向けると、「冗談じゃないわ！」という反応が返ってきた。「農家が価格にコミットできていないという状況は、日本と似ていると思う。〝農家はプライステイカーであって、プライスメーカーではない〟っていう言葉があるくらいなんだから」

日本と同じで、価格は買う側に決められてしまうのが普通だというわけだ。

「2014年頃に、イギリスでは牛乳価格戦争とよばれる小売合戦があった。それが現在どうなったかということを先日、記事にしたのね。具体的には、小売業者がいくらで酪農家から生乳を買うかを調べたの。意外に高い価格になっていたんだけど、それは真実ではないと思うの。たとえばテスコやセインズベリーなどの大手は契約取引している酪農家がいるので、その分は高く買っているとは言える。でもテスコはイギリスの市場の3分の1を占めているから、本当は契約取引している650軒の農家では全量を供給しきれないはずなの。つまり、非常に安い価格で仕入れている生乳も多いはずなんだけど、その情報は出していない。農家の視点からすれば不公平な取引状態が続いているというのが真相だと思うわ」

このように語る彼女の眼は厳しかった。つまり彼女が言いたいことは「イギリスの小売業者は、消費者からの信頼を勝ち取るためにエシカルな取り組みをしてはいるけれど、それは農家にとってエシカルであるとは限らない」ということだ。

彼らにとってのゴールは「エシカルな企業として消費者に認知されること」なのだから、そのために資することはするけれども、必要以上のことはしない。だから、消費者からよく見えそうなところはキッチリとエシカルな色に塗るけれど、よく見えない部分はそのまんまというわけだ。

日本でも最近、コーヒースタンドでフェアトレードのコーヒー豆を使っているのをよくみかける。特にその供給元がエシカルに気を遣っているようにはみえないのだけれども、消費者はなんとなく「フェアトレード」という言葉とイメージだけでも、そちらの商品を買うことでなんらかの「よいこと」をした気になる、というのはあるだろう。企業からすればそれで目的は達したことになるが、他方でエシカルでない行為をしている可能性はあり続ける。

そう考えると、イギリスがエシカルというのは過大評価なのではないか？　と思われるかもしれない。私もイギリス滞在中に何度かそう思ってしまった。

けれども帰国して数年が経ついま、やはりイギリスはエシカルに関心が高い国だと思っている。そして、日本をイギリスのようにエシカルに対する感度の高い国にしていくことは可能だ、と思う。それはなぜか。

●価格を上げるためには、価値を訴求し続けるしかない

おそらくイギリスに行ったことがあるという読者も多いだろう。私だって調査旅行で何カ所かに足を運んだ程度なので偉そうに言えないのだが、カジュアルにエシカルな雰囲気というのを、かなり多くの人が感じられる国だと思う。

たとえばロンドン郊外で、インタビュー先の場所を確認するために地図を拡げていたら、通り過ぎたおじさんが戻ってきて「道がわからないのか？」と親切に教えてくれた。そういうことから始まって、多くの場面で「イギリス人って優しい！」と実感したのだが、同時に「この雰囲気、日本の、それも地方のそれとよく似ている」とも思ったのだ。東京はさすがに冷たい空気が流れる大都市で、「あの、すみません」と話しかけてもビクッとされるだろう。だが、地方で人々に話しかけると、当たり前のように親切にあれこれ世話を焼いてくれることが多い。そんな既視感をイギリスで感じてしまった。何を言いたいかというと、乱暴なつなげ方になるけれども、日本人もなにかきっかけさえあれば、エシカルな方向に振れてくれる国民性があるはずだということだ。

たとえば平成25年に実施された内閣府の世論調査によれば、こんな結果が出ている。

東日本大震災前と比べて、社会における結びつきが大切だと思うようになったか聞いたところ、「前よりも大切だと思うようになった」と答えた者の割合が77・5%、「特に変わらない」と答えた者の割合が21・3%、「前よりも大切だとは思わなくなった」と答えた者の割合が0・6%となっている。

震災以降、「社会における結びつきが大切だと思う」意識状態になった人が7割強いるのである。これ以外にも各種の機関が意識調査をしているのだが、震災後一様に、一般市民の意識が以前よりも「つながりを求める」ようになったという結果を出している。

要するに震災後、日本人は少しだけ心の持ちようを優しい方向に変えたといえるのではないだろうか。確かに、20代の若者の興味が、レストランに行ったり車を買ったりということから離れ、仲間とゆったりくつろいだり、ボランティア活動のような、社会的な意義があることにシフトしているという話はよく耳にする。時代は少しずつ変わっているようなのだ。

だから、イギリスのエシカルシーンがやっているように、問題があれば声を上げる。選択肢を与え、それをビジネスにするということをしていくしかないと思う。太平洋クロマグロやウナギを無制限に売っているようではダメなのだ。そうした問題を提起し「これを食べれば世界がよくなります！」と新しい選択肢を提示する。そんな外食店や小売店がもっとできたらいいのに。

●サステナブル・フィッシュ・シティの成功要因

消費者も企業も倫理的であるということだけでは誰も魅力を感じない。それを守ったり購入したりすることで何かいいことがありそう、という雰囲気を醸成することがまずは大事なのだと思う。イギリスで出会った面白い事例がある。イギリス国内でもっとも大きく有名な、食に関するキャンペイナーグループであるSUSTAIN（サステイン）が実施している、サステナブル・フィッシュ・シティーズというプロジェクトだ。

ここまでにも、ロンドンオリンピックでは倫理的な食料の調達が義務づけられ、使用される水産物はＭＳＣ認証商品が推奨されることになったことを書いてきた。するとオリンピック後、この取り組みを全国に拡げようということになり、それがサステナブル・フィッシュ・シティーズというプロジェクトになった。

当然このプロジェクトでは、持続的な漁業で獲られた水産物の利用を推進しようということが目的だ。都市がプロジェクトにエントリーし、その都市でケータリングや公共施設、教育機関といった食堂サービスを提供する事業者が、たとえばMSC認証製品を何％導入したかというような数字をもって点数評価をする。その結果、あなたの都市は星3つ、というように顕彰されるというものだ。現在18都市が参加しているこのプロジェクト、2015年度のアワードはボンマス市が5つ星を獲得し、サステナブルな都市として認定されている。

このプロジェクトの上手なところは、サステインという大きな国レベルの組織が独自に運営するのではなく、各都市にいるローカル・キャンペイナーともいえる小さな組織と協同してやっていることだ。ローカルなキャンペイナーたちが、地元のレストランのシェフや給食業者たちに話をもちかけ、あおっていく。ここで重要なのは、決して高いハードルをかかげないことだそうだ。たとえばMSC認証100％にしろと迫るのではなく、まずは取り扱いの10％程度を換えませんか、と持ちかける。それが成ったら、タイアップしている地元メディアが「このレストランがエシカルな取り組みを始めました！」と宣伝してくれる。そうなると、まわりの同業他社も「うちもやらなきゃ！」となって取り組みが浸透していく。もちろんこの動きの中に消費者も入ってきて、いつのまにか都市で口にする食事のかなりの割合が持続的なものになっていくという寸法だ。

サステインでプロジェクトコーディネーターをしているベン・レイノルズ氏いわくこういうことだ。

「エシカル消費については、目標をシンプルにし、達成しやすい設定にすることが重要だ。「あなたの売っている魚は使ってはいけない」と批判するのではなく、簡単に実現でき、それを実施することでモラルがある業者だと評価され、メディアにも採り上げてもらえるような目標を設定する。プレイヤーが「それはいいね、やりましょう！」と共感を持って参加しやすい環境を作っていくことが必要なんだ」

これは持続的な水産物に関する話のみに限定されることではない。そして消費者に対しても同じことが言えるのではないだろうか。

正論だけど、実現が難しいことを強要するのではなく、取り組みやすいところから少しずつ変化を促し、大きなうねりにしていく方が、社会を変えるアプローチとして有効だということなのだろうと思う。

●食のエシカルが日本に拡がるために

ぱっと見では、日本にあまり拡がらないのではないかと思われるエシカルという概念だが、そんなことはないようだ。

鉄道会社系駅ビルの「ルミネ」では、「エシカル」という言葉を冠したイベントを全店舗で展開するようになった。大手のコーヒーチェーンやコスメ、アパレルの企業が消費者に対してフェアトレードのコーヒーセミナーをしたり、パッチワークでTシャツ作りイベントをしたりしている。そこでごく普通のカップルや親子が楽しそうに参加している様子は、エシカルが特別なものではなくなりつつあるということを実感させてくれた。

●これからのエシカル消費を見据えたルミネの冒険

株式会社ルミネといえば駅ビル型ショッピングセンター（SC）、つまりあの「ルミネ」を展開するJR東日本グループの企業だ。首都圏で15店を運営しているが、どこも乗降客数の多いターミナル駅に隣接しており、かなりの集客力を持っている。昔話で恐縮だが、私が高校生の頃、埼玉県の大宮駅に隣接したルミネには学校帰りにほぼ毎日足を運び、さまざまなカルチャーに触れていた。

そのルミネがエシカルに大変な関心を抱いていることをご存じだろうか？　同社は2011年から環境推進プロジェクト「choroko（チョロコ）」をはじめているのだ。私はこれまでに2回、そのプロジェクトに携わる社員向けに講演をしたことがある。ただ、告白するが、当初は「SCが何かいいことしようって軽く考えているのかな」などとうがった見方をしていた。でも実態はまったく違っていた。

私のところに講演依頼がきたときには「choroko」はすでに社内プロジェクトとしてしっ

かり根づいており、毎月のように社外の講師を招いて勉強し、ルミネ全店で社会のためにできることがないかと真剣に模索し、かつ実行していたのだ。

そんな中、わが青春のルミネ大宮にて、「LUMINE OMIYA MEETS ETHICAL」というイベントが開催されるというので2016年1月末の日曜日に足を運んできた。このイベント、この年が初めてではなくて3年目。なんだ、もうすでにしっかりとエシカルというテーマに取り組んでいる大手百貨店があったのに、私が気づいていなかったということか。しかも、そこで繰り広げられた光景は、日本のエシカルシーンの未来を感じさせるものだったのだ。

●ルミネが見据えるエシカル消費の方向性

埼玉県の中心的なターミナル駅となる大宮は乗降客数が24万人あまりと多く、JR東日本エリア内で8位（2016年度実績）となっている。この日も予想以上に人出が多く、駅周辺はどこもごった返している。当然、駅ビルであるルミネ館内は大入り満員。スターバックスでコーヒーでも飲んで一休みと思ったが、席が空いていないのにもかかわらず長い行列ができている。そこで、エシカルの催事をしている階に上がってみた。

エスカレーター前に広くとってある催事スペースは4つのゾーンに区切られ、ルミネ大宮に出店しているテナントがワークショップを行っていた。その顔ぶれは先にも覗《のぞ》いたスターバックスにファッション・生活雑貨の人気ブランドのショップ、コスメブランドのショップに人気のスキンケアブランドのLUSHの4業者である。エスカレーターを降りてすぐ見えてくるのはLUSHで、オリジナルデザインの風呂敷《ふろしき》を使ってさまざまなものをラッピングする「Knot Wrap 包み方ワークショップ」をしていた。コスメブランドのショップはフェアトレードのハチミツを配合したボディクリームを使った「セルフハンドトリートメント講座」。2つとも女性客、それも友達や親子連れなどがワークショップに参加していた。

ひときわ多くの人を呼んでいたのがオーガニックコットンのTシャツに、商品製造時にでるハギレやスタンプなどを使い、オリジナルTシャツを作ろうというワークショップだ。小さな子供を連れた主婦や若い女性などが一心不乱にTシャツにハギレを縫い付けたり、自分なりのデザインをしたりしていた。

ここまでの段階で「ん？　どこがエシカルなの？」という疑問を持つ人もいるかもしれない。私もよくわからなかったので、ワークショップの担当者さんにいろいろ話を訊いたのだが、正直なところ驚いてしまった。

「わたしどもは、衣料品に使用するコットンをすべてオーガニックコットンにしています。またそれらを独自のフェアトレードで取引しています。あ、僕が着ているこの服も、弊社のオーガニックコットン製品ですよ」

とニッコリ笑うその姿には、倫理的・道徳的なことをしているんだという気負いではなく、実に軽やかな責任感とでもいうような空気を感じたのだ。

そして、私の目当てだったスターバックスのエシカルコーヒーセミナーが開催される時間になった。

●大事なのは、普通の人に響く呼びかけだ

実のところ、コーヒーこそは倫理的な取引（フェアトレード）の歴史の発端ともいえる商品だ。１９７３年、オランダのフェアトレード団体がグアテマラの小さな生産者団体から、国際市場の価格ではなく、生産者が再生産をできる公正な価格での取引を開始した。それまで工芸品に多かったフェアトレードが、これを機に食料品にも拡がったという歴史がある。

そのフェアトレードコーヒーを、少なくとも北米で最も多く販売している事業者は何をかくそうスターバックスである。しかし一方、皮肉なことにスターバックスは、倫理的消費を推進する側から攻撃されてきた歴史も持つ。もともとスターバックスに限らずグローバルな企業は、フェアトレードを推進する団体や人権団体などから、エシカルキャンペーンの対象としてやり玉に挙げられることが多かったのだ。たとえば２００６年、エチオピア政府が３産地の名前を商標登録し、商標権使用料を得ることで生産者の収益を上げようと試みた。その際、スターバックスはさまざまな理由からそれに反対を表明したため、フェアトレード団体や活動家達から非難を浴びた。翌年、同社はエチオピア政府と和解し、エチオピアのコーヒーは商標登録される運びとなったといういきさつがある。

ただ、いきさつがあるにしろ、現在のスターバックスがフェアトレードの取り組みを行ってきた大きなプレイヤーであることは間違いない。

現在スターバックスは「エシカルな調達100%を目指す」として、フェアトレードコーヒーを取り扱うだけではなく、エシカル調達の仕組みであるC.A.F.Eプラクティスを導入し、使用するコーヒーすべてのエシカルな調達を目指している。C.A.F.Eプラクティスは、産地の生態系と生産者の暮らしを守るための活動を行ってきた国際的なNGO組織と協同して開発されたプログラムだ。C.A.F.Eプラクティスは経済的な透明性と、労働者の権利保護などの社会的責任、産地の環境を保全する環境面でのリーダーシップ、そしてコーヒー豆の品質基準という4つの軸からなる200以上の指標から成っている。

そのスターバックスのセミナーでは、夫婦連れやコーヒー好きとみえる個人たちにコーヒー豆の生産と流通の概略を説明。その後、3産地のフェアトレード認証をはじめとするエシカルなコーヒーをテイスティングし、それぞれの特徴を学ぶという内容を展開していた。驚いたのは、テイスティングをして3種のコーヒーを味わっている時に、スタッフさんの口から「フェアトレードが」とか「エシカルな」という言葉が出てこないことだ。参加者は純粋に味わいと香りを楽しんでいた。そしてそれらのコーヒー豆の説明をする時、産地で作業をする生産者の写真をみせながら「この生産者たちに正当な労働の対価を支払うために、フェアトレードという仕組みを使用したり、私たち独自のプログラムで現地を支援したりしているのです」という説明をしていたのだ。この流れには大いに共感を持った。というのは、美味しいコーヒーを味わった上で産地の情報を共有することによって、参加者は自然と産地に対する敬意が生まれる。そこで産地を支える価格のことを説明されれば「それなら喜んで支払うよ」と思うことができる。これが最初から「生産者の権利を守るために、ちょっと高いんです」というような説明をされると「うーん」と思ってしまうかもしれない。楽しくて美味しくて、そしてエシカルという順番でプレゼンテーションをしていることで、消費者が自然にエシカルを支えようという気持が高まるようにコーディネートしてくれていたわけだ。3種のコーヒーはどれも美味しく、大いにセミナーを楽しませてもらった。

率直に言って、私にとってはじつに勉強になるセミナーだった。いや、コーヒーの勉強ということではない。エシカルな消費行動を拡げていくためのヒントを得ることができたのだ。

このイベントに出展していたショップは、「みなさん倫理的にモノを買いましょう！」と声高にいうようなワークショップを一切しなかった。そうではなくて、コスメやラッピング、

Tシャツ作りにコーヒーのテイスティングといった、それぞれが売りにする商品・サービスを愉しんでもらうことから入って、実はそこに倫理的・道徳的な要素が通底しているんです、と軽く気づかせるという内容だったのだ。つまり、参加した人が感じる順から言えば「楽しくて美味しくて、品質が良くてしかもエシカル」という順番での訴求の仕方だったのである。これは、「とにかく倫理的な消費を促進しよう！」ということを謳《うた》っている私のごとき人間からすれば、ちょっと驚きである。しかも、どう考えても彼らの方が消費者の心にメッセージが「刺さる」と思えてしまう。

食品の安全性や背景にあるストーリーの話をする際によくいわれるのが、「でもまあ、最終的には美味しくないと意味がないんですけどね！」というものだ。つまり、安全性が高く環境負荷が低くて、涙が出るような物語が背景にあるという食品であったとしても、最終的に美味しくなかったら何にも価値がない、ということだ。エシカルもそうなのかもしれない。つまり、消費者はエシカルな要素「だけ」では買わない。商品・サービスの本質的な要素が魅力的であって、それに加えてエシカルであるという場合に、価値が最大化されるのではないか。そう考えたのである。

大事なのは普通の人達をどれだけ「ときどき」エシカルに振り向かせるかということ。そのアプローチとして、ルミネ大宮のエシカルな取り組みは非常に多くの示唆を与えてくれたのである。

●エシカル消費の普及には「ときどきエシカル層」の拡大が大事

バブル景気で個人の欲望が花開いたものの、それが弾《はじ》けた後、長く続くデフレで「よいものを安く買う」という消費行動に慣れてしまった、実に高度な消費者たち。それがわれわれ食に関わるビジネスに従事する者たちが直面するお客様であり、ある意味ではねじふせなければならない相手となっている。

この気まぐれでわがままな相手に対し、これまでの価格志向や高級志向とは違うエシカル志向という訴求方法をとることが、今後の食関連ビジネスでも重要なのではないか。それは間違いのないことなのだけれども、ではどうやってエシカルを訴求していけばいいのだろうかという問題を悶々《もんもん》と考えている中、ルミネ大宮のイベントに出会ったわけだ。

そこでは、エシカルに関心を持つ者、持たぬ者わけへだてなくイベントに参加し、心の底から楽しんで、そしてなんとなく「エシカルって大事」という感想を持って帰る消費者の姿が見て取れた。

くり返すが、実を言うといつもエシカルに関心を持つ、意識の高い層を増やそうとしても限界があり、そうした人達は多くても10％程度にしかならない。いくらその人たちに売りこみを頑張ったとしても、マーケットでのインパクトは小さく、波及効果は少ない。

それに対して、「ときどきエシカル」と言われる、ごく普通の消費行動をとりつつも、たまにエシカル商品を手に取り「あ、これいいかも」と購買するような行動の方が大事なのだ。

イギリスではそうした「ときどきエシカル」が70％はおり、この人たちが「ときどき」購買するだけで、先の意識高い「いつもエシカル」層よりも格段に大きなビジネスになるという。だから、製造業もサービス業も、エシカルというテーマを無視することはできない。従ってイギリス国内ではエシカルな問題が新聞やテレビなどのメディアを賑《にぎ》わし、非倫理的な行動をとる個人・組織は糾弾されるというサイクルができているわけだ。

日本でエシカル消費を普及させるためには、エシカルを声高に叫ぶのではなく、快適なサービス、よい商品に「実はこれ、エシカルだった」という側面があることを消費者が〝発見〟できるように、うまく誘導することが大事になるだろう。ルミネ大宮のイベントはその辺が適切にしつらえられていたと感じるのだ。

ただし、日本では食のエシカルが拡がるために必要なことがまだまだあると思われる。たとえば日本では毎年、夏の土用の丑《うし》の日には牛丼チェーンやコンビニ、スーパー店等で廉価なウナギが販売されている。ウナギは資源保護の観点からすれば、もう積極的に食べないようにするべき食材だ。食べるなら専門店で年に数回にしたらいい。牛丼チェーンやコンビニなどで、不自然な安値で売られるウナギを購入することは、決して倫理的と言えないだろう。だが、そうしたことに異を唱える世論がまだまだ小さいことに、日本の「遅れ」を感じる。

そうした、エシカルといえない消費行動に出てしまう消費者にも責任があるとともに、消費者の利便性や快適性を重視し、エシカルでない消費行動を助長してしまう企業やメディアのあり方にも問題があるといえる。

エシカルな問題の解決は、決して消費者にとって楽な選択肢ではないので、メディアとしては取り上げにくいものだが、コロナ禍が明ければ再び世界から多くの旅行者を迎えることになるのだから日本のさまざまな部分をエシカル色に塗り替えていく必要があるような気がする。

エシカルへの対応は、それなりのコストや犠牲をともなうものだが、それ相応の見返りを期待することができると考えられる。日本の農林水産業や食産業が、エシカルな方向を見つめるようになることを祈る。

コラム　ロブ・ハリスンからの手紙①

エシカルとは何か？

「エシカル」とは、私たちが「より良い社会や人々」のために「良い」「正しい」判断を下す際の行動を表す言葉です。

例えば、ご近所に親切にしたり、相手が感じることに敬意を払ったりと、私たちは日常的に「エシカル」な判断をしていますよね。ですが買い物に行くときはどうでしょう？だいたい自分のことだけを考えています。一番安いものや、自分が満足するものを買っています。経済学者いわく、人々が各々の満足を満たせば市場の消費は成り立つというわけです。

1980年代、全てのイギリス人の消費行動がこのパターンに当てはまるわけではないことに、我々は初めて気づきました。例えば、一部の教会グループは、人種差別であるアパルトヘイト政策を行った政府が経営する農園の、南アフリカ産の果物をボイコットしたのです。環境主義者はオーガニック・フードを買い、動物愛護主義者は動物実験された化粧品を買わなくなりました。

我々は当初、このようにより広域への影響を考慮して選択購入する行動全般について「エシカル」という言葉を使いました。全てではありませんが、多くのケースで消費者たちは環境団体やキャンペーン・グループが起こす要望に応えるべく行動していたのです。

もちろん、こうした「エシカル」な選択に皆が賛同していたわけではありません。オーガニックなものを買うことは間違っているとか、ただ単に高すぎると感じる人もいたのです。それでも我々は、「エシカル」という言葉に手応えを感じていました。何が「エシカル」で何がそうでないのか、たとえすべての人々の意見が一致しなかったとしても、話し合い、考えを共有する社会になることが、他人に問題をなすりつけるよりも大切だと感じていたのです。

そこで我々は「エシカル・コンシューマー（Ethical Consumer）」という雑誌をイギリスで立ち上げ、人々が考えるエシカルな問題について次の3つに分けました。

・環境に影響するもの
・人権および労働者の権利
・動物愛護

我々はよく知られたブランド（メーカー）とこうした問題を関連づけて紹介し、懸念すべき問題はどこかを分かりやすくしました。また賛同できない商品は掲載しないようにしました。

左の表は、我々が行ったビールとラガーブランドの調査結果の一部です。

企業の参加

その後に起きたことは、我々が想像していなかったことでした。

我々はより「エシカル」な商品を選択できるためのリサーチをしたのですが、企業はこの新しい市場に特化した「エシカルな商品」を売り込むことによって新たな利益が出るのではないかと考えたのです。

一部には洗浄力の弱い洗浄製品やスープのような味のコーヒーなどあまり良くないも

Product GUIDE

Beer and lager

NOVEMBER/DECEMBER 2017 ethicalconsumer.org

USING THE TABLES
Ethiscore: the higher the score, the better the company across the criticism categories.
● = worst rating,
○ = middle rating,
empty = best rating (no criticisms).

		Environment					Animals			People					Politics				+ve		
MAINSTREAM BRANDS	Ethiscore (out of 20)	Environmental Reporting	Climate Change	Pollution & Toxics	Habitats & Resources	Palm Oil	Animal Testing	Factory Farming	Animal Rights	Human Rights	Workers' Rights	Supply Chain Management	Irresponsible Marketing	Arms & Military Supply	Controversial Technologies	Boycott Call	Political Activity	Anti-Social Finance	Company Ethos	Product Sustainability	COMPANY GROUP
BrewDog [Vg] *	12	●										●	○		○					1	TSG Consumer Partners
Asahi	10.5	●										●			○			●			Asahi Group
CELIA Organic [Vg, O]	10	●								●		●			●		○	●		1.5	Carlsberg A/S
Grolsch, Peroni	10	●										●			○		○	●			Molson Coors, Asahi Group
Amstel, Foster's, Heineken	8.5	○			○					●		○	○		○		●	●			Heineken Hldg, L'Arch Green
Carling, Cobra, Staropramen	8.5	○		○	○							●	○		○		●	●			Molson Coors

USING THE TABLES
Positive ratings (+ve):
• Company Ethos:
★ = full mark,
☆ = half mark.
• Product Sustainability:
Maximum of five positive marks.

エシカル・コンシューマーによるビールとラガーブランドの調査結果

のもありましたが、大部分はより優れたものでとても売れました。エシカルな製品が身の回りに増えるにつれ、より多くの人々がエシカル製品の購入を一般的なものとして考え始めるようになったのです。最近ではイギリスで売られているバナナの約33％が「フェアトレード」ですし、80％以上の紅茶には商品に何らかのエシカル・ラベルが貼られています。

エシカル・フードとは何か?

競争の激しいヨーロッパの食品市場では、これまで「倫理」より「効率」を重視した大規模農場の運営に利があると考えられてきました。このことが土壌や野生生物にダメージを与える化学品の大量使用や、小さな屋内スペースで何千もの家畜を飼育する大規模農場を生んだのです。イギリスにはウォルマートやテスコのように、世界規模のサプライ・チェーンを有する大型スーパーマーケットがあり、そこで働く従業員たちは自分の食べ物を十分に買えないほどしか賃金をもらえないこともありました。

こうした状況は、私たちが環境、動物、そして人（労働環境）の分野でエシカルな選択肢を重要視する中で、企業もまた成長し変化し、新しく大きな食のムーブメントを促しました。それがエシカル・フードです。つまり殺虫剤の使用を極力避けて作られるオーガニックな果物や野菜、日光を浴び草の中で放し飼いされる家畜、熱帯諸国で生産に携わる労働者やその家族を養うのに十分な賃金とサポートを保障した「フェアトレード」生産などです。

「エシカルとは何か？」という問いへの答えは、それぞれの製品やさまざまな事案によって異なるため、非常に難しいでしょう。大きな組織や団体はそのひとつひとつに取り組みながら成長してきました。たとえば持続可能な漁業のための認証規格とエコラベルを管理、推進する「ＭＳＣ（海洋管理協議会）」には現在世界中で３７５人の従業員がいます。認証審査は第三者の審査機関が行いますが、審査の内容を詳細に記載した情報は数百ページ以上にのぼることもあります。現在、世界では４４６の漁業が認証を取得しています。

私が特に気に入っているエシカル・フードは、CaféDirectのフェアトレード・ティーです。わたしたちイギリス人は強くて濃い紅茶を飲む傾向がありますが、それらの茶葉の種類はインドやスリランカ、ケニアでつくられています。多くの調査でこれら3カ国の茶葉栽培地では、いまだ乳児死亡率と栄養失調の問題が根強くあります。正当な対価で取引することを保証するフェアトレード・ラベル商品は、通常の茶葉より約10％以上値段が高いです。が、商品を購入できるくらいのお金はあるので買うようにしています。なんとなく紅茶がより美味しくいただける感じがするんですよね。

第二部　日本の食はエシカルを目指す

第一章　サステナビリティ

●なぜ持続できることが大切なのか？　経産牛の例

東京の神宮前《じんぐうまえ》に「フロリレージュ」という美しい名前のフレンチレストランがある。若くスラッとした川手《かわて》寛康《ひろやす》シェフの料理を食べたいと、毎日満席が続く人気店だが、ここではコースの中で「サステナビリティ　牛」と名付けられた一皿が出てくる。

私が食べたその日の「サステナビリティ　牛」では、宮崎県産の牛肉がごく薄くスライスされ、絶妙な味付けと火入れがなされたものがお皿に盛られていた。

すこし驚いたのは、その牛肉が経産牛（お産を経た牛のこと）だったことだ。黒毛和牛の子牛を何回も産み落としたお母さん牛の肉は、すこし筋張っていることもあるが、川手シェフの技術で食べやすく、味わいもこっくりとしたうま味に複雑な香りがあって、とても美味《おい》しいものだった。

でも、ふつうのレストランならば、柔らかい肉が使いたいと、28～30ヶ月齢程度の若い牛の肉を使いたがるものだ。なぜ長く生きた経産牛の肉を使うのだろうか。

「日本人が大好きな黒毛和牛ですが、子供を産んでいない牛を好んで食べていることもあり、年に2％ほど頭数が減っています。この調子で10年経てば20％も減ってしまうでしょう。一方、子牛を産んでくれた経産牛は痩《や》せたまま、挽《ひ》き肉用に安く売られてしまう。わたしは和牛文化を未来に残すためにも経産牛を積極的にレストランが使うべきと考え、料理に採用しているんです」

経産牛は「廃用牛」とも呼ばれ、ガリガリに痩せた状態でと畜されることが多く、挽肉の材料として安く買い叩《たた》かれてきた。けれども、経産牛にしっかり餌を食べさせて肥《ふと》らせると、味わいの濃い美味しい肉になるのだ。日本より牛肉文化の長いフランスでは、経産牛のほうが未経産牛の肉よりも味わいがよいと好まれるくらいだ。経産牛が見直され、正当な対価を得ることができるようになれば、和牛頭数の減少に歯止めがかかるかもしれない。そんなメッセージがこの一皿に込められているようだ。

メッセージが込められているのはこの一皿だけではない。食材の端材を使ったスープは、世界的に問題となっている食品ロス問題を意識したもの。アマゾンで採られたカカオを使ったデザートは、生産者とのフェアトレードを実践したものだ。このように、味わいや香りだけでなく、社会問題を意識して料理を作っているのはなぜなのだろうか。

「この国で育った料理人として、〝責任〟があると感じているからです」

そう川手さんは言い切る。料理人は美味しいものを作るだけではなく、社会に存在している問題を提起したり、解決する手助けをするために行動したりするべきだ、と。フロリレージュのコースには、そうした背景を垣間見ることができる料理が出てくるのだ。

そうそう、星を付けることで有名な、世界的なレストランのガイドブックの２０１８年版からフロリレージュは見事、２つ星を維持している。日本国内より世界から注目されているレストランが、このようにサステナビリティを重視しているのだ。

●世界でとても重要視されている「サステナビリティ」

サステナビリティ（sustainability）は持続可能性と訳される言葉だ。どういう意味かということは、この言葉が表す反対の事象、つまり「サステナブルでないこと」を想像すればわかりやすいだろう。

たとえば、世界有数の森林地帯であるブラジルのアマゾンでは森林破壊が進行している。大豆やサトウキビといった、収益性の高い作物を栽培すべく、伐採が進んでいるのだ。多様な種が生息するアマゾンの森林を伐採して単一の作物だけにしてしまうと、生物多様性が大きく損なわれる。機械化された大規模農業を行うため、土壌が疲弊し、作物を生産できなくなる可能性もある。それだけではなく、世界中の気候に影響を与えると言われるアマゾンの森林減少によって、世界中で干ばつが増えるなどの悪影響が出るという研究もあるそうだ。

いまのブラジルで、世界的に需要のある大豆やサトウキビは稼げる品目だ。でも、目先の利益にとらわれて生産していると、子供や孫の代では大きな損失を被るかもしれない。どうみてもこれは、サステナブルではない。サステナビリティとは、未来にわたって営みを持続できることを意味するのだ。

いま、世界では何ごとにおいてもサステナビリティが重要視されているのだが、日本の食はこの分野では後れをとっている状況だ。たとえば、水産資源の問題がわかりやすいだろう。限りある水産資源をどう管理し食べていくかということも持続可能性に関わっている。きちんと環境や資源の持続性に配慮した漁業は日本ではまれだ。天然魚の場合、一定量の魚が子を産んで育ち、資源が増えるように配慮すべきだが、日本の水産業はながらくその配慮が十分でなかった。それが証拠に、資源量の枯渇の危機にあるウナギや、これから大きくなるはずのクロマグロの稚魚が鮮魚売場でどんどん売られていたのだから。

サステナビリティの考え方には、価格の正当性も含まれる。2017年に、豆腐やもやしの業界団体が、価格が低すぎるという声を上げたことが話題になった。取引先であるスーパーは客寄せのため、豆腐やもやしを目玉商品にしたいので、度を越した安値で仕入れようとするのだ。

「そんなの、断ればいいじゃないか」と思うだろうが、豆腐やもやしはスーパー以外の場所で売れるものではない。取引を断れば、メーカーは存続できない。そこで、人員や材料原価を減らして、ブラックな労働を経営者が自ら背負って作り続けなければならない。

じつは、こうした状況を作ってしまった責任の一端は、消費者も担っている。

「ウナギやマグロを好きなだけ食べたい」「豆腐やもやしは安く買いたい」という消費行動が、廻《めぐ》り廻って社会を持続不可能にしてしまう。毎回でなくとも、買い物行動をすこしだけ改めることが、持続的な社会を生み出すことにつながるのだ。

●持続性に気を配る漁業が根付く欧米諸国

さてそろそろエシカルな食の実例を挙げていこう。一番わかりやすいのが水産物だ。というのも、日本と欧米の違いがこれほど大きなジャンルもないからだ。

私が大好きなイギリスのイケメンシェフ、ジェイミー・オリバーの番組で発していたメッセージを前にも紹介したが、ここで再び。彼は材料の説明のときに「今日はマグロのステーキを作るけど、みんなにお願いだ。太平洋クロマグロは資源が枯渇しそうだから買わないように。資源に余裕のあるキハダマグロやビンナガマグロを買いましょう」と言っていた。

日本では、獲《と》りすぎによって太平洋クロマグロが資源枯渇しそうなのにもかかわらず、正月特番でマグロ一本釣り漁師の密着番組をバンバン放送している。

同じく資源が危機的状況にあるウナギだってどんどん食べろという番組ばかり。だれも「資源が少ないから今年は食べるのを控えましょう」と言わない。ジェイミーの番組をみて恥ずかしくなってしまった。日本はハッキリと遅れているのだ。

日本人が大好きなマグロだが、本マグロとも呼ばれる太平洋クロマグロは国際自然保護連合（IUCN）によって「絶滅危惧種」に指定された魚でもある。2016年の調査によれば親魚資源量は約2・1万トンで、これを2024年までに約4・3万トンに回復していくことが目標とされている。これを実現するために、日本が1年間で獲ってよい量が決められていて、成魚となったマグロの漁獲上限は5614トンとされている。

2020年のコロナ禍でクロマグロの消費がどうなったかというと、高級寿司店などの飲食店は元気がないこともあり、飲食店での生クロマグロ使用は減ったようだ。ではクロマグロ自体の消費が減ったのかというと、そんなことはない。水揚げされ流通する総量は変わらないため、高級店にいくはずだったクロマグロが安い値でスーパーや百貨店、通信販売の業者に買われ、消費者向けに販売されたということだ。結果的に、漁師や市場の卸売業者には厳しい市況となったが、消費者は安くクロマグロを購入できたという人が多かったかもしれない。実際に総務省の家計調査で当時の消費者のマグロの購入金額を調べると、全国の二人以上の世帯における購入金額は前年と比べ平均して２１１円高。明らかに前年よりも多く食べていると考えられる。コロナ禍が資源量の回復にちょっと役立つかと思ったのだが、そう簡単にはいかないようだ。

ちなみに私は日頃、できるかぎり太平洋クロマグロを食べないようにしている。食べるなら養殖のもの、もしくは資源量が比較的豊富なメバチマグロやキハダマグロを優先することにしている。メバチマグロもキハダマグロも、よい業者が流通するものは十分に美味しく楽しめる。

●ようやく資源管理に舵を切った日本の水産業

日本近海の資源量が危惧《きぐ》されているのは太平洋クロマグロだけではない。資源量は低位・中位・高位と表すが、２０２０年の段階で十分な資源量があるとされる高位の魚種はたったの23%。中位が24%で、危機にあるとされる低位が53%ともっとも多い状況なのだ。なぜこうなったかについては、気候変動による自然由来の要因など諸説あるが、やはり「獲りすぎている」という問題も大きいのではないかと言われている。これまでの日本の漁業は「オリンピック方式」と呼ばれ、燃料を焚いて誰よりも早く漁場へ到達し、魚を一網打尽に獲ってしまうというものが主流だった。現在の漁船の技術水準はとても高くて、海域の魚群を獲り尽くすことができるように進歩しているのだ。ただし、網にはまだ十分に育っていない稚魚や、これからまさに子を産んで資源を増やしてくれる成熟した魚までかかってしまう。そうした魚をオリンピック方式で獲っていれば、資源が増えるわけがない。

こうしたことに歯止めをかけるため、２０２０年12月１日に新しい漁業法が施行された。この法改正では水産資源がどの程度あるのかを科学的に明らかにすること、それを踏まえて、漁獲可能な量を定めるＴＡＣという制度を多くの魚種に導入することとなった。この上限量は、生まれてくる魚を一定以上確保でき、その魚種が持続的に増えていくと考えられる量だ。このＴＡＣは直接、漁業者または船舶ごとに割り当てるので、各漁業者がもっともよい時期によい魚を見極めて漁獲するモチベーションを持つことが期待される。一隻の船で獲れる量が決まっているので、オリンピック方式でヨーイドンで早く獲ることには意味がなくなる。それよりも成熟し高値がつく個体を、他の漁師が出ていない時期を見計らって獲る方が競争もなく、高値で売ることができる。そうした漁業が結果的に水産資源の持続可能性につながるわけだ。

とはいえ、全国の漁師さんからは「大手の水産会社に有利な法律ではないか」などいろんな心配の声も上がっているようだ。もちろん不公平がないように調整は必要だろうが、水産の世界が持続可能性の方向に舵を切るのはとても大切なことだ。

●MSCとASC認証のエコラベルが拡がる欧米と日本の差

では欧米では、水産物の持続性を応援するために何をしているのか。

目につくのは、スーパーやレストランなどに並ぶ水産物商品に貼られているエコラベルと呼ばれるマーク。「この魚介類は、資源量が適正に守られ、海の生態系を乱すことのない漁法で獲られていますよ」ということを認証するマークのことだ。

世界的には天然魚のラベルであるMSCと養殖魚向けラベルのASCが有名だ。「そんなのしらないなぁ」と言うのはちょっと恥ずかしいことだ。フランスやイギリス、ドイツ、アメリカでも店頭にエコラベルのついた水産物が増えている。あのマクドナルドだって、ヨーロッパの店舗ではフィレオフィッシュなどにMSCラベルを表示して販売している。それは、消費者がそうした商品を選ぶからなのだ！　これが日本との大きな違い。もちろん、ロンドン、リオのオリンピック・パラリンピックの食材調達でもエコラベル商品は多く使用された。さあ、日本はどうだったのか。オリンピックの章で述べる。

●日本のエコな水産物、奇跡の復活を遂げた牡蠣

日本にはエコラベルの水準を満たすような商品がまったくないのだろうか？　もちろんそんなことはない。

「戸倉っこ」をご存じだろうか。

宮城県南三陸《みなみさんりく》町に戸倉《とくら》という地区がある。美しい青い海が拡がり、真牡蠣《まがき》の養殖が盛んな地域だ。だが戸倉の牡蠣は以前、評価が低かった。

牡蠣養殖は採取した稚貝を養殖用のイカダに吊《つる》して1～3年育てて収獲する。餌はプランクトンだから、海の生態系が健全でなければならない。餌であるプランクトンの量と牡蠣の投入量のバランスが大事といわれていた。

ところが以前の戸倉では、売上のために牡蠣を通常の倍以上も投入していた。すると牡蠣の糞《ふん》などでヘドロが海底に溜《た》まり、環境汚染が進む。また牡蠣が栄養分を取り合うため、通常サイズになるまで2～3年かかってしまう状況に。やむなく、牡蠣をさらに過剰に投入して売上を補塡《ほてん》するという悪循環が続いていた。

こうした負の連鎖を東日本大震災による津波が全て洗い流してしまった。物語はそこから始まる。

●過密養殖をやめることでエシカルに変わった「戸倉っこ」

絶望から復興へ、牡蠣養殖の再建にチャレンジする中、地域の漁師や漁協の関係者たちは「これまでと同じことをしていてはダメだ」と考えた。

彼らが選んだのは、設備と投入量をいままでの3分の1に減らすという、以前と正反対の決断。海を汚さぬよう、かつ海のプランクトンを牡蠣が奪いすぎないようにする。そうしたところ、予想外の効果が生まれた。

投入密度が低くなったことで牡蠣に栄養が十分行き渡り、3年ものの大きさに1年で到達したのだ！　しかも牡蠣の品質が驚くほどよくなり、市場でも評判に。よい値で売れるようになった。そして2016年3月30日に日本初のASC認証の取得事例となったのである。

これをきいて私はすぐに現地に向かった。舟の上で牡蠣を食べると、ツルンと心地よい感触とともに、清冽《せいれつ》で豊かな風味とうま味が口中に拡がる！　でも一番感動したのは、漁師を率いる後藤清広《ごとうきよひろ》部会長の言葉だ。

「一番よかったと思っているのは、投入量を減らしたことで労働時間も短縮し、漁師が家族との時間を大切にすることができるようになったことなんですよ。震災を乗り越えたことで、家族の絆《きずな》がいっそう強くなった」

ああ、これぞエシカル。環境配慮に加え、働く人達の生活が配慮されているではないか。

牡蠣のシーズンになったら「戸倉っこ」と書かれた牡蠣をぜひ探してみて欲しい。

●日本で広まるか？　エコラベル

牡蠣の話で、なんとなくエコラベル製品の本質がわかっていただけたと思う。環境に負荷をかけず、資源の持続可能性があり、そして労働時間の短縮や地域のコミュニケーション向上にもつながるという、エシカル要素が幾重にもなった事例だった。では水産物のエシカルは日本でも今後、拡がっていくのだろうか。

ＭＳＣやＡＳＣのラベル付き商品を正式に扱うためには、小売店や外食店もＣｏＣ認証というのを取得する必要がある。この件数が日本でも急速に増えていて、ＭＳＣのＣｏＣ認証は２０２１年12月時点で３０４社となった。もちろんこの中には大手チェーンも含まれている。

たとえば大手小売業者であるイオンは、水産物のＰＢ商品の売上20％はＭＳＣ、ＡＳＣ認証商品だという。各地の生協も取り扱いを増加させており、首都圏のパークハイアット東京など、有名ホテルの飲食部門全体がエコラベル商品への切り替えを進めている。つまり、生産者から商品を迎える側の意識はだんだんと整いつつある。

現在日本でＭＳＣ漁業認証を取得しているのは北海道のホタテガイ漁、宮城県、静岡県、高知県、宮崎県のカツオ・ビンナガマグロ一本釣り漁業、岡山県の垂下式牡蠣漁、宮城県のタイセイヨウクロマグロはえ縄漁業、三重県のビンナガマグロ、キハダマグロ、メバチマグロはえ縄漁業だ。一番大事なのは消費者がこれを積極的に買い支えてくれるかどうかということ。エコラベル付き水産物が定着しないとなったら、消費者の質が悪いと海外から評価されてしまうかもしれない。そう、これからは日本の消費者の民意も試される段階に入るのだ。

●品種と品種改良に注意を向けることもエシカルにつながる

あなたは「品種」に着目して野菜や果物を買ったことがありますか？　と、いきなり聞かれてもよくわからないかもしれない。品種や品種改良に注意を向けることも実はエシカル消費に繋《つな》がることなので、ここで解説をしておきたい。

たとえば「長ナス」や「丸ナス」というのはナスを形状で分けるための分類名。京都の「賀茂《かも》ナス」や大阪の「泉州《せんしゅう》水ナス」というのは品種名だ。日本でトマトといえば「桃太郎」が有名だが、これはいわばブランドネーム。実際には桃太郎はシリーズになっていて、「桃太郎ファイト」や「桃太郎セレクト」という品種がそれに属している。このように「品種」というのがあるのだが、買い物をする際にそうした品種まで意識することは少ないだろう。

品種の違いは自然界の山野草にも存在する。植物が子孫を残すとき、自分が置かれた環境により適合できるような可能性をつけくわえることがある。たとえば雨があまり降らない地域で育つ大根は、その地で長いこと種を継いでいくうちに、水分が少なくても育つように堅く引き締まり、辛みの強いものになるだろう。このように、他のものと特徴がはっきり違うものを「品種」として他と区分するわけだ。

先述のように自然条件の中で品種が成立することもあるが、やがて人間が自分達の都合で品種を創り出すようになった。食べられる部分が大きくなるように、しかも美味しくしたいというように、人間の欲しい性質を品種に持たせるようにしていくことを品種改良という。

たとえば小さいけどとても味のよい大根と、大きいけどあまり味のよくない大根があったとする。この2つを掛け合わせれば、大きくて味のよい大根ができるかもしれない。そうした意図をもって品種の改良が行われる。ただし、結果的に「小さくて味の悪い大根」になってしまう可能性もはらんでいる。私たちが今、形が綺麗《きれい》で味のよい野菜を食べているのは、先人達の品種改良の技のおかげなのだ。

●品種改良いろいろ

お米の世界では「コシヒカリ」や「あきたこまち」など品種名で認識している方も多いだろう。では、お米の品種名をいくつ言えますか？

実は農林登録されているだけでも５００種以上あるのだ。ただ、栽培されている量は圧倒的にコシヒカリがトップで３割以上を占め、それ以外の品種は競争関係にあって、各都道府県が毎年のように新しい品種を投入している。ここ数年では青森県の「青天《せいてん》の霹靂《へきれき》」や新潟県の「新之助《しんのすけ》」などが話題になった。

ジャガイモの世界では男爵薯《いも》とメークインという二大巨頭が有名だ。ただ、これらはとても古い品種で、登場してから優に１００年以上が経過している。

男爵薯はホクホクして美味しい品種だが、ゴツゴツとした表面で皮を剝《む》くのが面倒だ。メークインはネットリした肉質が人気だが、ジャガイモの大敵である緑化をしやすいという欠点がある。こうした欠点をなくした、調理しやすくて美味しく、保存もしやすいように改良された新品種が毎年のように発表されるが、いまだに二大巨頭が店頭に鎮座しており、新しい品種はなかなか浸透していない。このようにいちど根付いた品種がずっとその場にあり続けるということもあるのだ。

●在来品種を守ることは種の多様性を守ること

新しく生みだされる品種がある一方で、在来品種と呼ばれる存在がある。読んで字のごとく、地域に昔から存在していた伝統的な品種をそう呼ぶ。昭和30年代以前の日本では、もともと地方によってコメや野菜の品種が違うことが普通だった。暖かい地域、寒い地域それぞれに適した品種が分布していたのだ。いまでも、関東や中部地方では長卵形のナスが一般的だが、九州や四国では長ナスが好まれる。

ところが昭和40年代以降、高速道路を経由して全国から卸売市場へ青果物を集め、スーパーで販売することが一般的になった。すると、地域ごとに違う形や性質のものが集まってしまい、まとめて売りにくいということになる。そこで、どこの地域でも同じような形状と性質になる品種が開発され、それを栽培することが推奨されるようになった。

一方で、地方で独自に発展してきた品種は「在来品種」と呼ばれ、その地域内で細々と栽培されるだけになってしまった。その後、残念ながら在来品種の多くが消えてしまった。形が特殊であったり、一時期しか収穫できなかったり、一部の人の好みにしか合わなかったり、いろいろな理由がある。

けれども、そうした在来品種をもっと大切にしたほうがいいという考え方がある。

たとえば地球温暖化による気温上昇が問題になっているが、このままいくといつの日か、いま栽培している美味しいお米や野菜の品種が育たなくなるかもしれない。そんなとき、さまざまな品種が保持されていれば、その中から高温に適合して美味しく育つ品種を生み出せるかもしれない。ただ、そのためには「種の多様性」が保持されていることが大切なのだ。

●種の多様性を守るためには消費者の力も欠かせない

在来品種の話をすると、「そういえば種に関する法律が変わることで、議論が起きていたよね？」と思い出す人もいるかもしれない。日本で種に関わる重要な法律には種子法（正式には主要農作物種子法）と種苗法がある。このどちらに関しても、農業関係者のみならず、さまざまな立場の人たちを巻き込んだ議論が巻き起こり、いまだに尾を引いている。

種子法は稲や麦、大豆など、基礎的な食料として重要度の高い品目について、優良な種子の生産と普及のために作られた法律だ。これに基づいて各都道府県が、生産者のために品種改良をし、普及に努めてきた。この種子法が２０１８年に廃止となったのである。そもそも種子法の始まりは戦後の食料難の時代に、効率よく増産できるようにという趣旨で生まれたものだ。つまり建て付けが古く、時代にそぐわないということで無くなったわけだが、その廃止の理由が少し気になる文言を含んでいた。それは、種子法廃止の発端として「農業競争力強化支援法」が生まれたことに端を発する。この法律には良質で安価な農業資材の供給を実現するために、民間事業者による事業展開をしやすくするという目的がある。これまでのように都道府県が試験研究機関で育種や品種改良を進めると、民間が参入できない。そこで、種子法は廃止してしまおうと読める流れだったことで、「重要な作物の種の開発を民間に委譲していいのか!?」という議論が起こったのだ。

もう1つの種苗法は、品種を開発した人（育成者という）の権利を守ることを目的にした法律だ。背景には、近年話題になっている、海外に有力品種が流出し、日本で生産されたものよりも安価に売られ、市場が奪われ、かつブランド価値も毀損《きそん》してしまっているという問題がある。こうした動きを牽制《けんせい》しやすくするための法律という位置づけだ。この法改正では、これまで農家に自由に認められてきた「自家増殖」つまり、ある作物の花を咲かせて種をとり、増やしていく行為が許可制になった。これに「農家の自家増殖が自由にできなくなる！」と危機感を持つ人たちが、抗議の声を上げたのである。実際にはそうしたことはない、と農林水産省は表明しており、いったんは国会での決議が延期となったものの、次の国会で通り、２０２０年の12月に成立となった。

ちなみに、その後どうなっているかというと、種子法の廃止は残念だが、米や麦、大豆の品種開発が重要だと位置づけている自治体は別立てで条例や事業を作るなどして育種に取り組んでいるようだ。自治体が取り組まずに民間が参入することで、種の値段が高くなるのではないかという懸念もあるが、いまのところはそうした話はあまり出てきていない。種苗法については今も議論が続いているものの、実際には心配された「農家の自家増殖の権利を奪う」ということは起きていないし、また農家が行うべき手続きによって、許可に関わる手数料が高くなり、農家経営を圧迫するということも聞こえてこない。じゃあ、大丈夫じゃないかと思うかもしれないが、こうしたことに対し、注意を払うのはとても大切なことだと思う。私は種苗法については「通した方がいい」という立場だったが、反対している人たちの論の中には「うん、それはそうだよな」というものもある。それに、今のところは問題になっていなくても、ほとぼりが冷めた頃に農家にとって不利益なことが出てくる可能性はゼロではないとも思う。

そこで最も重要になるのは、消費者の「関心」である。消費者が無関心であるほど、こうした法律は通しやすくなる。実際、種苗法に関しては一般レベルでも議論が起こったことで、国会での決議が遅れた「実績」があるわけだから。消費者の声は国会審議に影響する、大きなパワーだということが証明されたわけだ。ただし、消費者はその強大なパワーを反対運動で発揮するだけでなく、小さめのパワーでいいので、いつもの買い物で使ってくれるといいな、とも思う。それはどういうことか。

●持続可能な農業のためにいつもの買い物で種の多様性を守ろう

実はいま、在来品種を消費者をはじめとする民間や、地域社会全体で守ろうという動きが、全世界で興っている。遺伝子組み換え技術によって病気に強く、収穫量が多い新品種を採用したはいいが、以前より肥料や農薬をたっぷり使わねばならなくなり、生産者が経済的に立ちゆかなくなる。種苗会社が種を採ることのできないF1品種を普及しすぎてしまうことで、気候変動に対応できず、収穫がゼロになってしまう。そうした危機感を持つ人が増え、欧米では料理人も積極的に在来品種を使い、生産を続ける農家を守ろうとする運動をしている。

こうしたなか、私たち消費者にも種の多様性を守るためにできることがある。

それはとっても簡単、在来品種を積極的に購入し、味わうことだ。スーパーや八百屋に並ぶ在来品種を「みたこともない、料理の仕方が分からない」と敬遠するのではなく、興味を持って手を伸ばしてみてほしいのだ。基本的に、在来品種は品種改良がなされていないものが多く、形が不揃いであったり、見栄えが悪かったりと、通常の流通に乗る農産物よりも劣る部分が多いものだ。でも、そんな在来品種がなぜ存続しているかといえば、一般品種よりも美味しいとか、この品種じゃないとでない味があるといった理由があるものなのだ。一般品種のような「アクが無くて甘い！」みたいな純粋培養のものではないかもしれないが、100年以上も種が継がれてきた中で獲得した美味しさがあるはずである。在来品種を買うことは、そうした未体験の美味しさに出会うことができ、種の多様性を守ることもできて一石二鳥の行為なのだ。ぜひ、近くのスーパーや八百屋で、見慣れないモノが並んでいたら、手を伸ばしていただきたい。

コラム　ロブ・ハリスンからの手紙②

何をすればエシカルになるの?

かつては、エシカルな手法で製造されていない商品について、イギリスでは政府の介入を求めたり、再発防止の法整備を要求したりしていました。多くの運動を経て、イギリスでは1842年に、10歳未満の子供が炭鉱で労働することを禁止する法律が制定されました。以降、似たような法律が他の国々でも見られるようになりました。しかし今からすれば、当時は10歳で働いてもいいと考えられていたなんて……全くおかしな話です!

1950年代から世界貿易市場が急速に拡大し、かつてはシンプルだった問題が複雑化していきました。例えば2007年、インドのビハール州とジャールカンド州のおよそ2万人の子供たちが雲母鉱山で働いていたことが明らかになりました。雲母は、世界中で化粧品や光沢のある自動車の塗料に使われる鉱石です。

残念ながら、イギリスやドイツ、日本の政府にはインドの児童労働を禁ずる強制力はありません。製品や原料が世界規模で取引される一方で、人々は団結して問題解決の糸口を見つけなければならなくなりました。「エシカルな消費」はこうした問題を解決するとき、キーポイントとなるのです。

王道のアプローチとしては、最低限の基準を作り、その基準に適合する商品にエシカル・ラベルを付け、消費者にエシカル・ラベルがついた商品を選択するよう説得することです。雲母の事例もまた、２０１７年に運動家と企業の双方によって〝Responsible Mica Initiative（責任ある雲母イニシアチブ）〟が発足しました。

エシカル・スタンダードへの合意

こうしたアプローチの問題は、まず何が正しいエシカル基準なのかということをグローバルな規模で合意しなければならないことです。私の最初の手紙（手紙①「エシカルとは何か？」）では、何がエシカルで何がそうでないのかについて、必ずしも全員が合意したわけではないと書きましたね。

ですが、意見の相違があるとはいえ、調査をしてみると、製造会社の倫理についての核心的部分は以下の項目であるという点では共通しています。

(a)環境持続性

多くの人々は、次世代が生き残れないほどの自然環境の破壊はよくないと考えています。

(b)人権

多くの人々は、1948年に国連によって採択された世界人権宣言（苦役や拷問からの解放など）で掲げられている権利について賛同しています。

国際的には、国連は現在17の持続可能な開発目標について合意しており、多くの多国籍大企業はこの目標についての報告書を公開しています。ここでは詳しく説明しませんが、いくつかの主だったエシカル・バリュー（＝倫理的に正しいと思う価値観）については、より詳細なコンセンサスが出てきているようです。

http://www.jp.undp.org/content/tokyo/ja/home/sustainable-development-goals.html

エシカル・ラベルが意味すること

近代西欧諸国での消費者問題の1つは、市場がよりエシカルになるような基準を模索することで解決しました。２０１８年８月には国際的なウェブサイトの「ecolabelindex.org」が、１９９ヵ国25産業部門について４６３個のエコラベルを掲載しました（追記：２０２２年１月現在は４５５個）。

問題はエシカル・ラベルの質がバラバラなことです。独自に思いついたエシカル・ロゴやラベルであれば、誰の了解を得ることもなくパッケージに貼れてしまいます。一方でフェアトレード・ラベルのように、透明性があり効果的な審査基準を持つものは、国際的にも有効で、市民団体が支持できるエシカル・ラベルといえるでしょう。つまりエシカル・ロゴは、完全なグリーンウォッシュ（環境配慮しているように装いごまかすこと）にもなりうるし、グローバルな認証ラベルにまで成長することもあるわけです。

持続可能なパーム油を認証するRSPOラベルはイギリスでも話題だ

良いエシカル・ラベルは、市民団体や企業などの「マルチステークホルダー」の協働で作られるのが一般的です。あなたが信頼する団体やキャンペーンまたはチャリティー団体が関与しているエシカル・ラベルがベストですね。

多様な環境への主張を理解する

環境問題に配慮した製品について決断を下すのは、そう簡単なことではありません。例えば2つしかない製品のうち、1つは気候変動に良い影響があり、もう1つは環境汚染への影響がより少ない、といった場合、どちらを選べばいいでしょう？

倫理的に、どちらが環境にとって正しい答えか、という難題への答えはありません（それを買わないこと以外で）。この場合は、どちらがあなたにとってより重要であるか、もしくはどちらが先に解決されるべき問題とあなたが考えるかによってのみ、答えが導き出されるのです。言い方を変えれば、あなたが政治的に何を優先するかということです。

こうした問題はしばしばオーガニック・フードの支持者を悩ませます。例えば「地元でとれた産物を買う」のが良いか（輸送時の二酸化炭素排出量がより少ないから）、「認証マークつきの輸入オーガニック・フードを買う」のが良いか（殺虫剤の使用がより少ないから）などですね。これはエシカル消費をする際も、環境問題を考える際にも問題になってきます。多様な主張があり、それぞれの主張に詳細な情報があるでしょう。

なにか解決方法があるとすれば、あなたが信頼するジャーナリストの記事を読むことでしょう。例えばイギリスのエシカルコンシューマーの私の記事や、日本のオンラインメディア「エシカルはおいしい!!」などをね。

第二章　〝アニマルウェルフェア〟をどう考えるか

●日本人がいまいち実感しにくいアニマルウェルフェア

欧米でエシカルといったときに、アニマルウェルフェア（AW）は必ず登場する話題だ。肉や乳製品を生み出す家畜の扱いに、日本では考えられないような配慮を要求する。

一方、日本人は「うーん、よくわからないけど、動物愛護？」とピンときていない人が多いように感じる。おそらくは、狩猟文化からすみやかに畜肉食の文化へと移行した欧米諸国と、明治期になるまでおおっぴらに畜肉食をする文化をもたなかった日本の歴史的背景や、西洋と東洋の宗教的価値観の違いも関係しているのだろう。

けれども、これからの日本のエシカルな食を考える際に、AWのことを避けて通ることはできない。EUではすでにAWに配慮することが正義という考え方が主流であり、畜産の生産者が補助金を取得するためにも、ある程度のAW対応は不可欠となっている状況だ。すくなくとも「何が問題視されているのか」ということと「これからの畜産に何が求められているのか」について、理解はしておく必要があると思う。

●欧米で着実に拡がるAWと日本の差

AWとは何かということを書こうとすると、19世紀のヨーロッパ思想までさかのぼらなければならず、この本1冊書いてもまだ足りないかもしれない。それはさすがに大変なのでかなり端折ることになるが、簡単に言えば、動物もヒトが基本的人権を持つことと同じように、最低限の福祉を得るべきだという考え方であり、そのルールをいう。

ヨーロッパでは古くから動物に対する保護意識が高く、ペットや家畜に対する劣悪な飼育を改善しようという動きがあった。それも、ペット保護法や動物保護法といった法律を制定してまでである。イギリスやフランス、ドイツといった有力な国々では、特にチャールズ・ダーウィンによる進化論が世の中に認められたときから、「ヒトが動物から進化した存在であるならば、その起源である動物を粗末に扱ってはいけない」という考え方もあるという。

ヨーロッパでは畜産が盛んで、近代化が進み経済性を優先した畜産が進められた。狭い豚舎に豚を押し込めて飼ったり、鶏をケージに入れて運動させなかったり、不安やストレスを与えるような飼い方をしていたのだ。

その反動として「家畜などの動物も倫理的に飼育すべきだ」という動きが起こった。イギリスでは1800年代に王立の動物虐待防止協会なる組織が成立していた。そうした下地があったところに、1960～70年代に工業的畜産を批判するルース・ハリソン著「アニマル・マシーン」や、動物の権利を謳《うた》うピーター・シンガー著「動物の解放」といった本が大きな話題となり、AWを推進すべしという世論を動かした。以来、EUにおける畜産政策にはかならずAWに関わるさまざまな決まり事が盛り込まれ、年々新たに厳しめのルールが生まれている。この動きはヨーロッパのみならずカナダ、豪州などでも取り組みが進んでいるし、何ごとにも経済効率が優先しがちなアメリカでも、限定的ではあるがAWが拡大しつつある。有力なオーガニックスーパーであるホールフーズマーケットなどが独自のAW基準を公表し、これに合致したものしか仕入れないという方針を打ち立てて成功しているのだ。

●AWの基本となるのは「5つの自由」

いま言われるAWの基本となるのは、「5つの自由」を確保すべきという考え方だ。

① 飢餓と渇きからの自由
② 苦痛・障害または疾病からの自由
③ 恐怖および苦悩からの自由
④ 物理的・熱の不快さからの自由

⑤ 正常な行動ができる自由

当たり前のことを言っているように思えるだろうが、現代の日本の畜産で実行するにはけっこう大変なことが多い。

たとえば②の苦痛・障害からの自由だが、日本では肉牛を飼う際に角を切ることが多い。じっさいに牛を間近で観たことがある人ならわかるだろうが、肉牛は出荷前に800kgにもなる、巨大な生き物だ。機嫌の悪いときに世話をしようとした生産者が角にひっかけられたりして事故になるケースはあとをたたない。また、牛舎の中に数頭の牛を入れると、必ずその社会の中で序列ができる。その過程で角を使いケンカすることもあるため、弱い肉牛の身体に打ち身や傷が付き、それによって肉の評価が下がることも多い。

こうした危険を避けるため、早いうちに角を切る処置をすることが多いのだが、神経の通った角を麻酔もせずに切除するのは、AWの観点からすれば「とんでもない！」ということになる。

また⑤の「正常な行動」とはなにか。

豚でいえば、そのしゃくれた鼻先で地面の土やワラ、腐葉土などを掘り返す「ルーティング」という習性があって、豚にはこれが生来の欲求として備わっているらしい。しかし近代的な豚舎環境では、コンクリートの床におがくずなどを敷いているだけで、豚の欲求を満たすほどの環境でない場合も多い。

採卵鶏の場合は砂浴び行動という、砂などを身体にかけて掃除する欲求がある。砂のないケージの中で飼育しても、ときおり羽を伸ばして砂浴びをしているかのような行動をとることから、基本的欲求としてそうした行動があることが知られている。

ではそれらの行動欲求を満足させてやれるかというと、なかなか難しい。一言でいえばコストがかかるのだ。砂浴び専用の場所をしつらえたり、豚が自由に行動できるスペースを作ったりすれば、それは上乗せコストになってしまう。牛がゆったり行動できるような広い牛舎スペースにすれば、土地コストが増加してしまう。

●AWは人間にも良いことがある！

たしかに日本で高いレベルのAWを実践しようとすると、先に書いたようにお金がかかることも出てくる。全体的にコストが上昇するので、販売価格も高めに設定しなければならないだろう。動物が幸せに暮らすのはいいことだけど、それで高くなるんじゃ嫌だな、と思う人も多いかもしれない。AWの考え方や、業者の動きなどこれまでの話は消費者の立場からはあまり関心をもたれないことかもしれない。それは、消費者にとってのメリットがあまりみえてこないからだろう。

ところが！「じつはＡＷには人間に対しても良いことがある」と言ったらどうだろうか？　それも、私たちが最も重視する「美味しさ」に直結しているとしたら、大きく変わるのではないだろうか。実際、ＡＷは畜産物の美味しさに大きくかかわる。

たとえば、牛は変化に敏感な動物なので、違う場所に移動させられただけでとても萎縮《いしゅく》し、不安な気持ちになってしまう。と畜するために出荷するとき、いつもと違う家畜運搬車に乗せようとしても、警戒してなかなか動いてくれない。なんとかお尻《しり》を押して乗せて、1時間もかけて移動すると、もう牛は不安で不安で仕方が無くなる。その状態でと畜場について、すぐにお肉にしてしまうと、不安ストレスが全身に廻《まわ》った状態になってしまい、肉が不味《まず》くなるのである。そこで前日係留といって、と畜の1日前には牛を移動させて繋《つな》いでおき、心を落ち着かせるというプロセスがある。

豚もそうで、不快な豚舎に押し込めて育てると、肉質がとても悪くなるという。

家畜が安心を感じていないと、美味しい畜産物を得ることができないので、先の5項目は人間にとっても「意味の無いもの」ではないのだ。

●AWをどうビジネスと結びつけるか

さて、AWに意味があるといっても、生産者にとってみればコストがかかることなので、それに見合うビジネス上のメリットがなければ取り組むことができない。その部分、各国ではどういう状況なのか。

まずAWへの取り組みの本場であるEU圏においては、国による意識の差はあれども、かなり高いレベルで「AWを実行させるべし」という力が働いている。

おそらくどこのスーパーに行っても、たまご売場ではフリーレンジ（放し飼い）やエイビアリー（平飼い鶏舎）といった表示がされたたまご製品が並び、なにも書かれていないものよりもすこし高値で販売されている。牛乳やバターもオーガニックや放牧といった、どのようなAWルールを実行しているかがわかるようになっている。

一方、アメリカの場合は動物への福祉意識というよりは、そうしたことに配慮した食べ物の方が安全だという考え方から、消費者に受け入れられている側面がある。

いま大人気のオーガニック専門スーパー「ホールフーズマーケット」はみなさんもご存じだろう。いまや米国以外にも出店が続いている、オーガニック商品ばかりが並ぶ高級スーパーだ。ここの精肉売場には「5-Step Animal Welfare Rating」という非常に厳しい自社基準がある。最低のランクであっても「ケージ飼いした家畜は扱わない」とか、「鼻輪や耳標をつけたりしない」などの項目があり、一番高い基準では「動物中心に考えられた農場で全生涯を過ごせること」となっている。

　実際、同店の精肉ケースを見ると、通常のスーパーで並ぶ米国産牛よりも赤身中心の健康的なものが並んでおり、もちろんその価格は普通よりもかなり高い。しかしこうした商品を買う人達が一定以上いる。

　じつはその購買動機は動物への同情心ではなく、自分たちの健康のためであることが多い。アメリカでは家畜に成長ホルモン剤を使うことが許されているのだが、健康面への影響を疑う層が一定以上いる。そうした畜産物を食べたくない人たちは、ホールフーズなどで身元の分かる畜産物を買う。だからそんな厳しい基準をたてても、商売が成り立っているのだ。

　さて、それでは日本ではこのAWに対してどんな状況なのかを見ていきたい。正直なところ、国も畜産業界もAWに対して積極的にはみえない。

●AWに積極的になれない日本の状況

　じつはAWについては、水産資源問題よりも日本にとって難しいと関係者が頭を悩ませている。AWの5原則は、前にも提示したとおりだ。

「①飢餓と渇きからの自由」「②苦痛・障害または疾病からの自由」「③恐怖および苦悩から

「④物理的・熱の不快さからの自由」「⑤正常な行動ができる自由」。

文面でみればどれも納得できるものだが、実際に欧米が基準として打ち出しているものは、日本の畜産ではなかなか実現しにくいものが多い。

たとえば、ヨーロッパのAWの中でも取り組みが進んでいる採卵鶏で比較してみよう。EUでは、従来型のケージでの飼育は面積が小さく、鶏の自由な行動を制約するということで2012年には禁止令が出て、エンリッチケージと呼ばれる改良型ケージを使用するか、もしくは完全にケージを使用しない飼養方式に移行することとなった。これに対応し、ドイツでは2015年にはケージを使用せずに養鶏を営む採卵鶏が9割に達したという。もちろん、EUは一枚岩ではないので、ドイツ以外の国はまた違う様相ではあるが、EU全体で従来型ケージの使用は規制されたということはとても重要な事実だ。

日本ではどうか。養鶏関係者に話をきいてみたが、従来型ケージをやめるなど、大きな動きをしている例は少ない。大手養鶏業者は「エンリッチケージに転換しなければならなくなった場合に対応できるようにはした」というところが多いそうだ。

なぜ積極的にAW対応を行わないかというと、端的に言えば対応のためのコストが大きすぎるからだ。日本は狭く、より土地コストがかかる。従来型ケージからケージフリーにする場合、面積がどんどん大きくなる。平米あたりの生産コストが増大するし、建築コストも値上がりする一方でとてもじゃないが無理ということなのだ。これは採卵鶏以外の畜産全般でも同じことと考えてよい。

●日本でAWが浸透しないのは放牧が前提だから

欧米並みのAWを実施しようとするときに直面するのが土地問題。先の5原則のうち①〜④については、畜舎の環境を改善したり、人間が行動改善をしたりするなどすればなんとかなる範囲だが、⑤の「正常な行動」というのがくせものだ。なぜなら動物にとっての正常な行動とは、囲いのない自然環境に居ることだからだ。じっさい、欧米のAW実践農場では、まず広い空間への放牧を基調とするか、また畜舎があるにしても、そこから外の空間へと自由に行き来することができるような仕組みを備えているものなのだ。

それならば日本でも放牧を前提にした畜産をすればいいじゃないか、と思われるかもしれないが、これがそう簡単ではない。どう難しいかというと、家畜の管理のシステムを一から転換しなければならないという難しさと、マーケットの問題である。

もともと日本で、牛や馬などの大家畜は農耕用だったため、その乳を飲んだり肉として食べたりという畜産は1900年代の少し前から始まった。その頃は、技術的に先行していたヨーロッパなどの仕組みを導入してきたわけだが、当然ながら牧歌的な放牧畜産ではなく、穀物飼料を与えて集約的に育てて畜産物を効率よく得られるシステムがよしとされてきた。だから、日本の畜産は最初から輸入穀物を飼料にすることが普通だった。

２つの世界大戦が終わると本格的な畜産の近代化が始まり、それまでは小さな農家が数頭の家畜を飼うという形が中心だったのが、大規模に家畜を飼うスタイルが進展してくる。そうなると畜舎は大きくなって効率を優先するようになり、放牧するなどということは非効率なので、行われなくなった。

そう言うと、放牧は手がかからないからいいじゃないかと思いがちだが、放牧することは運動をするということだから、肉や乳の量が減ってしまう。よくイメージＣＭで、牛が緑の牧場で気持ちよさそうに寝そべっているようなビジュアルをみかけるが、あれはほとんどフィクションの世界。通常は牛舎の中で運動を制限されている。

●もう１つの問題は、利益率の低い畜産マーケット

いま、畜産物の中で特に肉が高騰していることはご存じだろうか。しかも、末端価格だけではなく、餌や素畜などの生産費も上がっているため、農家の手取りは増えていない。

たとえば肉豚を１頭出荷したとき、農家の手取りの平均は８０００円程度だ。１頭１００kg前後の豚を１８０日程度かけて育てて出荷して、８０００円しか残らないなんて、いった

いどんな産業なのかと思わないだろうか？　肉牛だって、空前の高値になってはいるが、その分、子牛や飼料の価格も高いままだから、畜産農家の利益が増えているわけではない。そんなふうに利益率の低い畜産マーケットで、AWに準じた放牧畜産をやっても、儲《もう》からないのではないかというのが取り組みの進まない最大の要因なのだ。

しかし、日本の畜産業界がAWに消極的な本当の理由は、お客（消費者ではなく取引先）が求めていないからだろう。お客が「こうしてほしい」といえばそれに向かって実現するはず。それがないということは、つまり日本の消費構造にAWという価値観がないからといえるのである。

●たまごの価格はいくらまで支えられる？

鶏卵も然《しか》り。まず現状をいうと、日本の養鶏産業では従来型ケージが9割方使用されている。つまりいまの時点でEUが要求するAWはとてつもなく高いハードルになっている。何が問題かというと、改良型ケージを導入するには鶏舎の面積を拡げなければならないということで土地代や建築費はもちろん、人が管理しなければならなくなるのでコストが上がるのは必然だ。当然、たまご1個あたりの生産コストは高くなる。

ドイツやイギリス、フランスといった国の消費者の世論調査をすると、少々価格が上がってもＡＷを支持するという声が多いそうだ。つまり先進国ではＡＷが要因となって価格が上がるということが起こっているのだ。

しかし、日本の養鶏業者がＡＷ対応で懸念している一番大きな問題は、上がったコストをたまごの価格に乗せたとき、消費者が受け入れてくれるのだろうかということなのだ。２０１１年、日本の養鶏業界は安値に苦しみ、「このままの価格だと衛生的なたまごを生産できなくなる」という衝撃的な新聞広告を出した。そうした動きが功を奏して、若干だがたまごの価格は上がり、いまでは10玉２２０円前後で安定している。

そこから10年も経たないうちに、また値上げということになると、消費者は受け入れてくれるのか。そうした懸念で日本のＡＷは停滞している。もちろんわずかではあるが、ＡＷに配慮した生産者もいて、生協や専門流通などでたまごが販売されている場合もある。

こうした動きが拡がるかどうかは、消費者に懸かっている。人間に恩恵を与えてくれる鶏や豚、牛たちに快適なくらしをしてもらうことを金銭的に支えるつもりが日本人にあるのかどうか。みなさんにもぜひ考えていただきたいと思う。

●オーガニック、ＡＷ、サステナブルだけでスーパーが成り立つＥＵ

２０１８年２月初旬、私はスペインとドイツにオーガニック畜産の状況を観に行った。畜産のオーガニック基準にはＡＷを遵守することが盛り込まれているので、オーガニック畜産物はＡＷ畜産物といえるからだ。

スペインではオーガニックに対応したと畜施設と精肉加工場を視察した。ピレネー山脈の麓《ふもと》の片田舎だが、オーガニックのたまごやビーフは大人気で、加工場を倍の面積に増築中という成功ぶりだった。

ドイツでは養豚・養鶏を軸に6次化事業を大成功させている農場をじっくりみせてもらった。豚も鶏も屋外に出られ、尾やくちばしを切ったりせずに育てる。一般的な飼育期間より大幅に時間をかけて育てた肉やたまごは通常価格より1・5～2倍の価格となるが、周囲のパートナー農家からも仕入れをしなければ需要に応えられないという繁盛ぶりだった。

また両国のオーガニックスーパーを訪れ、どんな商品が並んでいるのか、買い物客の視点から楽しんだ。この20年、市場は拡大し続けているというが、オーガニック製品が端にちょろっとしか並ばない日本とは世界が違い、全ての製品がオーガニック認証付き、またはそれに準ずるラベル付きであることに驚倒した。

オーガニックであり、かつＡＷや持続可能性に配慮された商品だけでスーパーが成り立つ。それがチェーン展開しているというのは、それだけ消費者のニーズがあるということだ。では一体消費者はこうした製品をどうみているのだろうか。

●「品質が良いから」選ばれるオーガニック＆ＡＷ商品

驚いたことに、両国の消費者たちは「品質がよいから」という理由でオーガニック＆ＡＷに配慮された商品を好んでいるという。現地在住のガイドさんがそういったときは「それはタテマエだろう？」と思ったが、生産者も行政の人もみんな真顔で「品質が受け入れられている」と言う。

日本では「安全・安心」「健康的」というイメージで買われるケースがほとんどであるため拡がらないのに、いったいこれはどういうことなのだろうか。その理由の一端が、バルセロナでの夕食の席で理解できた。オーガニックビーフのステーキはヨーロッパ人好みの赤身中心の肉。放牧で草を食べて育った牛の赤身は香りもよく柔らかい。ヨーロッパ人の食の好みはオーガニック＆ＡＷとマッチしているのだ。じゃあ、日本はどうなのか。

●オーガニック製品の品質と消費者嗜好がマッチするＥＵ

オーガニック＆ＡＷに配慮された製品を消費者が評価するのは「品質がいいからだ」といわれても、いまひとつピンとこない人も多いかもしれない。

日本では有機農業は「安全・安心」の文脈で語られることが多く、味を評価する人はあまりいないだろう。しかしEU圏では、たとえば肉牛の肥育でもある程度は放牧をさせ、牧草主体の餌を食べさせるのが普通だ。できあがる肉は日本の霜降り肉とは正反対の赤身中心の肉。彼らはその真っ赤な肉が大好きなのだ。

一方、牛をオーガニックで飼う場合、飼料も有機農産物でなければならないので、穀物を与えると高価になってしまう。そこで、有機認証を取得した牧草地に放し飼いをするのが基本となる。放牧で良質な牧草を食べた肉牛はもともとヨーロッパ人が大好きな赤身肉に仕上がるわけだ。

●日本人はオーガニック&AW製品を好きになるか!?

ところが日本の畜産は、狭い国土を有効活用するために畜舎で飼うのが基本だ。また飼料となる資源も足りないため、カロリーの高い輸入穀物主体の肥育が標準となった。それにもともと霜降り肉になりやすい黒毛和牛が普及したものだから、日本人はサシ入りの肉が好きになってしまった。

最近「赤身の肉が好き！」という人も増えてきたが、彼らの言う「赤身」はおそらくフランス人からみたら「霜降りじゃん！」と言われるような肉なのだ。これは牛肉だけの話ではなく、たまごや牛乳の味もEU圏と日本では好みが違う。

オーガニックで生産したものの品質がもともと消費者に好まれるEU圏と、「ちょっと薄いなあ」と言われてしまう日本という違いがあるかもしれないのだ。

ところで、当然ながら今回のスペイン・ドイツでは牛肉をステーキでいただいた。それもオーガニック生産された牛肉のステーキだ。参加者一同、一口食べてしばし沈黙。

「あれ……想像していたより美味しい！」

そう、もっと味気ない肉を想像していたのだが、香りもよく、味わいに深みがあり、そして柔らかい。さすがに赤身肉の歴史が長いだけあって、牧草主体で美味しい肉を作るプロたちなのだ。こんなに美味しい赤身肉、日本にあったかなぁ……。

●ガラパゴスと言われないように食の開国をすべき日本

ヨーロッパでオーガニック＆AWで育てられた赤身肉は美味しいと書いたが、多くの読者が「いやいや、日本の和牛の方が美味しいだろう」と思ったはずだ。たしかに、和牛の肉は世界に誇る美味しさだ。ただしそれは、「好きな人にとっては」ということ。フランスやイギリスでは赤身の肉が好まれ、サシは嫌われる。それに、ヨーロッパの赤身肉は美味しい。

先日、日本で育った赤身中心の牛肉と、ドイツとフランスの赤身肉を焼いて食べ比べた。結果は歴然、見た目は似ているのに、日本の赤身肉は風味が乏しく、堅くて美味しくない。

ヨーロッパは赤身を美味しく食べる技術で断然、先を行っているのだ。

多くの日本人が好む、柔らかくてサシの入った肉。それも大事だけど、価値観の違う海外の人達がやってくるのに、それだけでいいのだろうか。日本が島国であることはよい点もあるが、取り残されてしまう危険性もある。私はうまく両方を取り入れていくべきだと思う。

●放牧畜産とＡＷ、美味しさの関係

では、日本においては放牧を前提としたＡＷ畜産は夢なのか。いや、そんなことはない。というよりも、ＡＷどうこうという話題が出てくる前から、取り組みをしてきた農家はあったのである。

私は高知県に特有の肉牛品種である土佐《とさ》あかうし普及の仕事をしているのだが、肉牛以外の畜産物についてもいろいろ関わっている。吉本《よしもと》乳業という地域の乳業メーカーの質のよい牛乳製品や、ひまわり乳業というメーカーが鮮度の高い牛乳を販売して成功していることをご存じの方もいるだろう。

実は高知県は「山地酪農」が盛んなことで知られてもいる。その字のごとく、山地の中で乳牛を放牧して育てる酪農方式のことをいう。高知県は山間地が多いことで知られるが、その斜面は急峻《きゅうしゅん》で、そこを切り拓《ひら》くのはなみたいていではない。それなのに、県下に２軒も山地酪農をする生産者がいるのだ。その一軒である斉藤《さいとう》牧場は、じつに23ヘクタールもの広大な山の木を切り、道を造って柵《さく》をたて、日本芝を植えて牧場にしている。斉藤佳洋《よしひろ》さんは言う。

「うちでは牛が勝手に草を食べ、乳を搾って欲しくなると搾乳場へ集まってきます。牛の勝手に任せるんです」

本来は草食動物の牛に輸入穀物を与えると、身体に負担がかかってしまう。そこで斉藤さんの農場では、草を8とすれば配合飼料は2の割合でしか与えない。これは、日本の通常の酪農と逆転した数字だ。もちろん山地で運動し、自然に生える草を食べさせるのだから、1頭あたりの乳量はとても少ない。コーンなどの濃厚飼料を中心に食べさせると8000リットルのところが、斉藤牧場では4000リットルしか搾れないというのだ。実に2分の1だが、それでよいのだ。

高知県下の山地酪農のもう一軒は、雪ヶ峰《ゆきがみね》牧場という。乳脂肪分が多いことで知られるジャージー種を完全なる放牧で育てて搾乳し、牛乳やアイスクリームなどを作っている。それも、農薬や産業廃棄物などの影響を受けたくないからということで、120ヘクタールもの広大な山地を購入し、その真ん中で放牧をしている。

この2つの山地酪農で得られた牛乳製品は、どちらも熱烈な固定客がついている。斉藤牧場の牛乳は65度30分間の低温殺菌法で、生乳の味を壊さずに製品化している。ある生協組織がほぼ全量を買い取っているのだが、ファンが多いので売るのに困ることはないという。雪ヶ峰の牛乳も、地元の有力スーパーが仕入れており、商売として成り立っているようだ。

　どちらの牛乳も、私はヘビーユーザーなのだが、飲み口は実にあっさり爽《さわ》やかだ。おおかたの人が「自然で育った牛の乳は濃いんでしょうね！」と誤解するのだが、事実は逆で、自然に近ければ近いほどあっさりした味わいの乳になる。それは味がないということではない。逆に風味がじつによく、甘く感じるのだ。

　これは放牧した畜産製品すべてに共通することなのだが、味がとても素直になる。ＡＷの意義は、そこにもあるのかもしれない。

●ＡＷに配慮した乳製品は味が受け入れられている！

　農地が広い北海道でも放牧主体の酪農は意外なほどに少ないものだが、興部《おこつぺ》で有機酪農と乳製品の加工販売を手がけるノースプレインファームも牛の健康面でも放牧を重視してきた。牧草の状態が一番いい初夏の牛乳は爽やかな飲み口で、バニラかと思うような甘い香りの味わいがする。ここの乳製品は東京・神奈川で展開するオーガニックスーパー「ビオセボン」でも販売され、人気を博している。

　また、北海道の十勝《とかち》平野にある幕別町《まくべつ》忠類《ちゆうるい》地区でＡＷ基準を遵守した放牧牛乳を扱う生協の理事長から「アニマルウェルフェアを実践して牛にやさしく声をかけたり、快適に過ごせる環境を作ったら、凄《すご》いことが起きたんですよ。生乳の質がとてもよくなって美味しくなったんです！　組合員さんからも美味しいと評判が上がったんです。思想とかよりも味がいいと評判で売れているんですよ！」と聞いた。

●ＡＷと人にとってのメリット

これ、とてもよい話だと思うのだが、私も半信半疑だった。そのため、実際に牧場を訪ねて、ＡＷと味の関係を確認してみたいという気持ちが強くなった。そこで、取り組みをしている生協に連絡を取り、北海道の十勝平野にある忠類地区へ、ＡＷに取り組む生産者を訪ねてきた。

忠類地区では、よつ葉乳業という乳業会社に出荷する５人の酪農家が、ＡＷの基準にのっとって牛を飼っている。全国の生協組織がよつ葉乳業の牛乳製品を仕入れているわけだが、消費者である組合員から「ＡＷに取り組んだ牛乳を飲んでみたい」という声が寄せられたそうだ。以前から放牧酪農に取り組んできた５人の生産者たちも、ＡＷは初めてのことで、畜産大学の先生に54項目から成るマニュアルを作成してもらい、試行錯誤しながら取り組んできたそうだ。

忠類地区の牧場の様子

写真をみていただければお分かりになると思うが、広大な緑の牧場に乳牛たちが放牧されている風景は、みているだけで心が和む。乳牛は牧場で草を食べて育つのが普通だと思っている人も多いようだが、日本では通常、牛にお乳をいっぱい出して貰《もら》うために、牛舎の中で穀物飼料を多く食べさせるのが普通だ。お乳を出す牛がこんなふうに放牧される風景は、実は少ないのだ。

●AWと美味しさの関係を確認！

ここで守られているAW基準は興味深いものだった。基準は「動物」「管理」「施設」の3つの観点から定められている。「動物」は栄養や健康状態にかかわるもの、「管理」は牛舎の清掃や、餌の内容を適切に管理できているか、

「施設」は牛舎や設備が適切かどうかということを定めている。

「たとえばね、牛の背中に手を当てたときに、嫌がってすぐに逃げるようだと人間に恐怖心を抱いていると判定されてしまうんですよ」

そう教えてくれた高野《たかの》英一さんの牧場では、背中に手をあてて15秒経っても、牛はそばを離れなかった。

坂井《さかい》孝禎さんの牧場では早朝、牛が牧草地でむしゃむしゃと草を食べていた。

「放牧地には、かならず木陰ができるように木を植えておきます。暑い日に木陰で牛が休めるようにするのです」と坂井さんがいうように、牛が暑さから逃れられるような環境が作られていた。

「放牧は牛も喜ぶけど、その分、搾乳するときの手間が大変なんですよ」という坂井さん、大量のタオルを熱湯に浸している。全国の生協組合員さんから寄せられたタオルで、牛の乳房を綺麗に拭《ふ》いていくのだ。牛を放牧すると、地面に横臥《おうが》するため、雑菌が乳房に付いてしまう。よつ葉乳業のこの放牧牛乳は低温殺菌の製品だ。低温殺菌で販売するためには通常の生乳よりも守るべき基準が厳しく、菌数が少ない必要がある。そこで一頭一頭の乳房を綺麗に拭き上げなければならないのだが、1頭にたっぷり5分以上の時間をかけているのを、私はこの目で確かめた。ＡＷには手間がかかるというのはよくいわれることだったのだが、私も実際にみて納得、これは大変な労力がかかる！

一頭一頭に時間をかけて、ようやく搾乳が終わった。

「こうやって苦労した牛乳がどんな味か、飲んでみてね」と坂井さんが、搾りたての牛乳を飲ませてくれた。

その牛乳の美味しかったこと！　よく「甘く感じる牛乳」というのがあるが、そうではなく本当に甘い。草に由来する素晴らしい香りが口中に拡がる。豊かな味わいの牛乳をコクンと飲んだ後、口の中にべたっとした風味が残ることは一切ない。

この牛乳が生協の組合員さんからとりわけ支持されている理由がよくわかった。AWを遵守して育てた牛の乳は「AWだから買う」のではなく、「美味しいから買う」なのだ。やはり「AWは美味しい！」というのは本当だと実感した。この牛乳、日本のいくつかの生協で購入することができる。ぜひいつも飲んでいる牛乳といっしょに飲み比べてみてほしい。

生乳の質は牛の体調によって大きく左右されるものだ。母牛に不安があったり、不快な環境に置かれていたりすると、生乳の質は顕著に悪くなる。それは美味しさに直結する。つまりAWは決して家畜のためだけのものではなく、人にとっても大事で、メリットがあるものなのだ。

以前私は、イギリスの田園地帯で放牧を行う酪農家さんを訪ねたことがある。そこでは豊かな牧草が生えるので、草以外のものはほとんど食べさせていない。その酪農家さんは政府からの特別な許可をとって、庭先で搾りたての生乳を、殺菌せずにボトルに詰めて販売をしていた。買い求めた牛乳を飲んだところ、あまりの美味しさに驚いた。理想的な環境でストレスなく育った牛の乳はこんなにも香りがよく甘くリッチで美味しいものかと。

これに匹敵するほど美味しい牛乳が日本にないものかと思っていたのだが、あった。やはりそれは北海道の豊かな環境で放牧され、ほとんど草だけで育ち、ＡＷを実践している牧場のものだ。

「牛が幸せでなければ、お乳が美味しいはずがないんです」

とてもシンプルな話だが、真実だと思う。

海外の動きがそのまま日本に入ってくるわけではないし、日本らしい展開の仕方を考えるべきだ。ただ、はっきりしているのはＡＷの波は来ているということ。それは決して理念だけの話ではないということだ。

第三章　知っているようで知らないフェアトレード

●なぜフェアトレードが必要か

食のエシカルのテーマの中で、環境問題と並んですぐに連想されるのがフェアトレード。日本でも、フェアトレードのチョコレートやコーヒー製品をみかけることがあると思う。ただ、これを買うと生産者が助かるのだろうけど、どんな仕組みなのだろうかと疑問を持つ人もいるだろう。フェアトレードを「公正な貿易」と訳すとすると、その反対の不公正な貿易も存在するということになる。21世紀にもなり、これだけ情報が飛び交う世界でまだそんな格差があるの？　と思うかもしれないが、残念ながら世界には不公正な貿易が蔓延《まんえん》している。たとえば取引相手が文化的な生活をできるギリギリの線の価格まで買い叩き、学校に行くべき児童も労働にかり出さねばならない状況に追い込むような取引だ。

「そんな相手と取引せず、他の買い手を探せば？」と思うかもしれないが、たとえばカカオ豆の産地は山間部の森の奥の奥。生産者はマーケットと切り離されていて、他の客を探すことは現実的ではない。また、カカオの価格は国際的な市場の相場で決定されており、そこに

「生産者が食べていけるか」という要素はほとんど考慮されていない。結果、一家総出で働きながら、ギリギリの生活を続けていくしかないという生産者が多くなってしまうのだ。

現在、極度の貧困にあえぐ人は8億人以上、奴隷的な労働を課されている人は4000万人以上、義務教育を受ける権利を奪われる児童労働は1億5200万人（2016年）。そして、2020年9月時点で77ヵ国155品目が児童労働や強制労働によって作られているという調査がある。だから、フェアトレードが必要なのだ。

●そのフェアトレードは信頼できますか？

フェアトレードは、開発途上国の商品を生産者とその地域が発展できる価格で買う取り組みで、1940年代に欧米で生まれた。当初はさまざまな取り組みや団体があったが、30年ほど前に認証（ラベル）の仕組みができ、現在ではフェアトレード・インターナショナルという組織が国際的なフェアトレードの仕組みを運営している。

国際フェアトレード基準のもっとも大きな特徴は、産品ごとに「公正な価格」が設定されていること。たとえばアラビカ種のコーヒー豆であれば、最低価格が1ポンドあたり140セント。それが生産者にとって安定して暮らせる最低ラインで、国際的な市場価格がどんなに下がったとしても、これ以下にしてはいけない。この価格は、産地を入念に調査して決定された価格で、カカオやスパイスなどすべての品目のフェアトレード価格がインターネットで公開されているので、興味があればご覧いただければと思う。

国際フェアトレード基準のもう1つの特徴が、フェアトレード価格に加えて「プレミアム」というお金を支払うことだ。プレミアムは商品代金とは別の扱いで、その産地の組合などで合議し、地域の発展や品質向上などに使うためのもの。たとえば地域に学校を建てたり、橋を造ったり、機械を買うなど、生産者たちが生活を向上させるために使えるのだ。フェアトレード価格で個々人の生活を営む十分な価格を保証した上で、プレミアム分で産地全体の文化や生活水準を向上させる投資をするという仕組みである。

こうしたフェアトレードの認証製品は現在130ヵ国以上で流通している。でも、コーヒーやカカオを買う側のメーカーや販売業者は、ほんとうに生産者にフェアトレード価格を支払っているの？　そうした疑問に応えるための仕組みが認証システム。第三者の認証機関が取引をきちんと監視し、生産者にきちんと支払われているか、生産者がプレミアムを正しく使っているかなどを確認している。国際フェアトレード認証ラベルがついているものは、この認証を取得したものと考えてけっこうだ。

ラベルはないけど、フェアトレードと書いてある商品は信じていいの？　フェアトレード・インターナショナル以外にもいくつかの信頼するに足る国際組織がある。一方でフェアトレードを謳いつつ、一般的な価格しか支払っていないインチキや、イメージをよくするためにフェアトレードとウソをつく業者もいるかもしれない。そのフェアトレードの中身をきちんと調べてみることも必要だ。

●できる範囲でフェアトレード商品を楽しもう

現在、日本で手に取ることができるフェアトレード認証ラベルがついた製品はおよそ１２００点。コーヒーや紅茶、チョコレートにオリーブオイル、砂糖にスパイス、ゴマにバナナなどの食材のみならず、サッカーやバスケット競技に使うボール、タオルやシャツなどのコットン製品など、さまざまだ。オーガニックの産品だったり、美味しいことで有名なものもあったりするから、ぜひ買ってみてほしい。これを食べることで自分のエネルギーになり、また産地の人達の生活を支えることにもなる。お互いに支え合っているという実感を持てるかもしれない。

ただ、全ての買い物をフェアトレードで買わないと、と思う必要はない。そんなことは長続きしないだろう。まずは、10回の買い物で1回程度手を伸ばすという「ときどきエシカル」でも、産地にとってよい影響があるはずだ。生活の中で、余裕があるときに産地のことを想いやり、フェアトレード製品を味わってみよう。それで十分、国際的な支え合いになるのだ。

第四章　人権・労働問題――人に優しい、は一番のエシカル

●もっとも重視されるエシカルは労働問題

これまでエシカルというテーマで、動物や環境に優しいこと、地域での循環などについて書いてきたが、今度はその主役級のテーマ。じつは欧米でエシカルの問題といえば、なにをおいても先に論じられるのが労働問題なのだ。「あら、今度はちょっと重い問題ね」と思うかもしれないが、これ、ひとごとではない。

労働問題とはなんなのか？　古くは労働者組合を結成して企業などと交渉し、労働者の権利を獲得することが重要視されていた。企業が一方的に労働者を支配するのではなく、労働者も企業と対等に交渉できるための社会的な仕組みを作ることが大事だった。

1970年あたりから、現在にも続く新たな問題が議論されるようになった。それが児童労働の問題と、強制労働または奴隷的な労働問題だ。

児童労働とは、法で決められた就業最低年齢（原則として15歳、健康や安全、道徳を損なう恐れのある労働については18歳）を下回る児童によって行われる労働を指す。学校にいって勉

強したり、遊びに興じていたりすべき年齢の子供を継続的な労働に就かせるわけだ。

「そんなの、現代ではそう多くないでしょう？」と思うだろうか？　公正な労働を推進する国際機関ＩＬＯの調査によれば、なんと1億5200万人（2016年）もの子供が児童労働に就いている現実があるそうだ。そのうち7300万人は危険で有害な労働を余儀なくされているとのこと。児童労働の数は20年前から比べると3分の2程度に減っているのだが、それでもなお日本の人口を上回る子供が、学校に行く機会を奪われているのだ。

農業や手工業の製造と輸出を主産業としている国々では、子供を労働力とみなさざるをえない状況が横たわっている。こうしたことを防ぐために、公正な貿易を実現する仕組みとしてのフェアトレードが発展したといってもいいだろう。

1990年代後半、欧米ではサッカーボールの生産が児童労働でなされていることが問題視された。インドやパキスタンといった生産国で、1万人以上の児童がサッカーボールの縫製を担っていることがメディアによって明るみに出たのだ。これによってサッカーボールを売るスポーツ用品メーカーも猛烈な批判を受け、業界全体で改善に取り組んだ。利益の一部を児童労働撲滅のための基金にし、児童労働が行われていないか監視する仕組みも確立され、いまでは改善が進んでいる。

●強制労働、奴隷労働って現代にもあるの⁉

強制労働や奴隷的な労働というと、ボロボロの布をまとった人が鎖に繋がれているようなイメージで、「そんなの現代ではないでしょう?」と思うかもしれない。物理的に鎖に繋がれていなくても、事実上の強制、奴隷的な環境というのは数多く存在している。

開発途上国や紛争国といった労働条件の不利な地域では、労働者が仕事を選ぶ手段がほとんどなく、過酷な単純労働にかり出されているケースも多い。アフリカのカカオ生産やバナナ生産に携わる農家の中には、こうした環境に置かれている人がまだ多くいるといわれている。フェアトレードはこうした状況を改善するための仕組みでもあるのだ。

第1章で、イギリスのCOOPにインタビューしたとき、労働者の権利や労働環境を重視しているという話があったことを書いた。これはCOOPがエシカルに敏感な企業だからということもあるだろうが、欧米ではこうしたことに配慮しない企業は市場から退場を迫られるようになりつつある。

欧米の企業がこうした労働問題に気を配る背景には、近年広まりつつあるESG投資（環境・社会・企業統治に配慮した企業を評価する投資手法）で、人権の尊重や労働者の環境が重視されていることもあるだろう。また、小売業や製造業の大手企業の労働環境を調査し、ブラック労働に該当する場合は社会的に告発するNPO団体などキャンペイナー（第一部第四章参照）が活躍していることもあると思われる。

●わたしたち消費者にできること

さて、児童労働はともかく、強制労働・奴隷的労働は日本でも存在する問題だ。社員を精神的に追い詰めこき使うブラック労働、ファストフード店で、1人の店員が全てをまかなわなければならないワンオペ問題、コンビニエンスストアの長時間労働など。

日本人だけではない。人手不足に悩む業界で働く海外技能実習生について、劣悪な環境や待遇で働かせている業者がいることで、海外から厳しい眼が向けられたことも記憶にあたらしい。私はようやく日本でも、欧米で問題になってきたことが議論されるようになったと思っている。

これを改善するために最も重要なことは、私たち消費者が享受してきた「高いレベルのサービス」をすこしあきらめることなのかもしれない。日本は長いこと「お客様は神様」という言葉の下に、消費者の利便性だけを追求し、従業員はそれにとことん尽くす役割という風潮があった。そのこと自体は、いわゆる「おもてなし精神」を育《はぐく》む一助となっているし、海外からの観光客が「日本が好き」と言ってくれるポイントでもある。ただ、こうしたサービスを実現するために働く人が無理を強いられているなら、考え方を変えるべきなのではないだろうか。

人に優しくと言うとき、自分に何かをしてくれる人全てを対象とすることが、求められる時代になったのだ。

第五章　代替肉は本当にエシカルか

2019年9月、小泉進次郎《こいずみしんじろう》環境大臣は訪問先の米国・ニューヨークで「訪米中、ステーキはいつ食べるのか？」と記者から質問を受けてこう答えた。

「毎日でも食べたいね」

わたしたちの記憶にも新しいこの発言だが、食のエシカルの観点から、また一国の環境庁のトップの発言としてはまずいものだった。というのも近年、世界的には家畜の肉を食べること、それを拡大生産していくことに対する目が厳しくなってきているのだ。その大きな理由が環境への悪影響である。つまり、環境大臣という立場の小泉氏が、「ステーキを毎日でも食べたい」と発言したのは、かなり恥ずかしい態度だったといえる。世界で進む食のエシカルの文脈上、日本はあまり真剣に考えていないんだということを露呈させてしまった出来事といってよいだろう。欧米のエシカル意識の高い層からすれば「日本はちょっと、おかしいんじゃないの？」と言われても仕方がない。ところが幸いなことに、現地メディアはこの発言を大きく報じてはいない。それはそもそもこの分野で日本へ期待する欧米人がおらず、注目も集まっていないということなのかもしれない。

　はっきりしているのは、わたしたちがこのまま無自覚に際限なく肉を食べるべきではない、ということだ。少なくとも世界で家畜の肉、ひいてはたまごや乳といった動物性タンパク質をどのように摂《と》るべきかということを、世界の状況をみながら考えるべきである。そして、注目しなければならないのが代替肉という選択肢だ。

●畜産業への批判と、代替肉の登場

　本書でアニマルウェルフェアについて紹介したように、畜産業をめぐってはさまざまな批判が存在する。なかでも近年指摘されるのが畜産業がもたらす環境への負荷についてだ。国連食糧農業機関（FAO）によれば、人間の活動によって排出される温室効果ガス（以下GHG）のうち、14・5％は畜産業とそれに関係する産業が原因とされる。特に、反芻《はんすう》動物である牛は、消化の過程で強力なGHGであるメタンを排出するため、家畜全体の排出量の65％を占めるとも言われるのだ。また、家畜の飼育や、その餌となる穀物の栽培には多くの土地と水が必要だ。ここでの推計には諸説あるが、「エシカル・コンシューマー」によると、仮に人類全員が動物性食品を摂取しないヴィーガンになると、必要な農地面積は全世界で75％減少するという。

また、畜産業従事者の人権問題への関心の高まりも見逃せない。欧米各国でコロナ禍にあえぐ２０２０年中、主にと畜施設などで相次いでクラスター感染事例が発生した。この背景には、安価な食肉供給を維持するため、低賃金でかつ過酷な労働環境に置かれる現場の労働者の実態があり、彼らの多くが移民労働者であるということもあって複合的なエシカル問題として、盛んに報道された。

畜産について厳しく問われているのは環境問題や人権問題だけではない。たとえば「肉を食べると体に悪い」というのも昨今よく耳にする話題だ。特に、畜肉の摂取とがんの関係を懸念する声が多く、これには科学的にもある程度の裏付けが与えられている。国際がん研究機関は２０１５年、「レッド・ミート」と欧米で称される牛肉や豚肉など哺乳類の畜肉について「おそらく発がん性を有する」という内容の評価を発表した。いっぽう、実際にがんを発病するかどうかには、摂取量が大きく関係し、週に数回の適度な摂取であれば問題ないという、国立がん研究センターなどによる研究結果もある。日本の2～3倍程度の食肉摂取量を誇る欧米諸国と日本では、状況が違うという考え方もあるので、一概に肉が体に悪いとも言いきれない。ただし日本も牛肉ブームが続くなど、食肉摂取量が増加している状況なので、注意は必要だろう。

さて、新型コロナウィルスの災禍を経た社会では、畜産業への逆風は勢いを増している。

というのも「集約型の工場的畜産こそ、感染症の温床だ」という見方がされているからだ。狭いスペースで大量の家畜を飼育するためには、抗生物質を飼料などから投与することが慣行として定着しているが、これによって薬剤耐性を持つ菌やウイルスの誕生を引き起こし、人への感染にもつながるとされているのだ。事実、米国のマウント・サイナイ医科大学の研究では、２００９年に世界的に大流行した新型インフルエンザは、メキシコで飼育されていた家畜の豚の間で流行していたウィルスが原因であったことが判明している。新型コロナ禍によってこうしたことがシビアに議論されるようになったが、じつは２０００年代初頭から医学の世界では薬剤耐性菌やウイルスの恐怖が囁かれていた。２０１７年にはＷＨＯが「食用家畜における抗菌性物質の使用に関するガイドライン」を発表し、各国に畜産における抗生物質（抗菌剤）の使用量を削減することを勧告した。ここ最近また世界の感染者数が増大している新型コロナ禍をみれば、この問題がいかに恐ろしいものかよくわかるだろう。

ただし、こうした勧告を受け入れて抗菌剤を飼料に添加しなくなった場合、おそらく畜産物の生産量は減少する。というのも、抗菌剤の使用は生産量増大に直結しているのだ。健康な家畜は餌を食べた分だけ太ったり、たまごや乳を出してくれたりするものだ。ただし、集約型の畜産では狭い場所で密飼いをするため、家畜にストレスがかかることが多い。人がストレスで体調を崩すように、家畜も顕著に体調を崩し、お腹《なか》を下すなどしてしまう。お腹を下すというのは消化不良だから、せっかく食べた餌を摂取できず、畜産物に変換できない。以前、若鶏（ブロイラー）の生産者に聞いた話だが、抗菌剤を添加した餌には整腸作用があるため餌の消化効率が上がり、結果的に出荷までの日数を5日程度短縮できるということだ。100万羽、200万羽という巨大な養鶏事業において5日間の差は大きい。その抗菌剤を使用できないとなれば、世界的に畜産物の生産効率は低下する。しかしそれよりも耐性菌やウイルスが生まれてしまうことの方が脅威であると、WHOは考えているわけだ。

このように、畜産業への批判は実に多様な角度と論点から巻き起こっている。しかし、こうした批判の帰結が必ずしも「畜肉を食べるべきではない」ということにはならない。

畜産業が直面しているさまざまな問題は、集約型畜産と、それによって大量生産される安価な畜肉が引き起こすものであって、アニマルウェルフェアを重視したエシカルな畜産の実践によって解消できる部分は大きい。

ただし、先に述べたようにエシカルな畜産を志向し、抗菌剤の添加もやめてしまうと当然、世界の畜産物の生産量は大幅に減少することになる。そこで重要となるのが近年、注目を集める代替肉だ。エシカルな環境で生産された畜肉とあわせて、代替肉を食生活に取り込むことで、我々の食事はよりエシカルになるのだろうか。

●代替肉の現状

代替肉と聞いて「うわ、美味しそう」「食べてみたい」と積極的に感じる人はそう多くないだろう。わたしは率先して食べてみたいと思うが、それは食を巡るビジネスの輪の中にいる人間だからかもしれない。ただ、代替肉と聞いて眉をひそめる人のなかには、それがどのようなものかをよく識《し》らないで拒否している人も多いのではないだろうか。だとしたら、基本的な部分だけでも識っておいた方がいいだろう。

代替肉には大きく分けて、2つの分野がある。1つは大豆などの植物性タンパク質を原材料としたプラントベース（植物性肉）と呼ばれるもの。もう1つが、細胞培養技術によって動物細胞を増殖させて作られるカルチャード・ミート（培養肉）と呼ばれるものだ。

なかでもプラントベースは、米国だけで既に8000億円規模の市場を持つ立派な産業となりつつある。このプラントベースの市場拡大を牽引《けんいん》してきたのが、2011年にカリフォルニアで誕生した2つのスタートアップ、ビヨンド・ミートとインポッシブル・フーズだ。ビヨンド・ミートは、エンドウ豆のたんぱく質をベースとしながら、ビーツから絞ったジュースを加えることで、畜肉に比べほぼ遜色《そんしょく》ない風味を誇る商品を開発。米国では、高級スーパー「ホールフーズ」をはじめ、多くのスーパーマーケットの店頭で販売されている。一方のインポッシブル・フーズは大豆をベースにしているが、肉感を再現するために独自の酵母培養の技術から生まれた「ヘム」と呼ばれる物質を使用する。同社は、大手バーガーチェーンとのコラボによって全米で「インポッシブル・バーガー」を展開し、一躍その名を知られることとなった。

次に代替肉のもう一翼、培養肉の開発は、２０００年代初頭から一部の研究者の間で進められた。２０１３年にはオランダ・マーストリヒト大学のマーク・ポスト教授が世界初の「培養ビーフパティ」を発表し、世界に衝撃が走った。しかし、当時は細胞培養のための培養液などのコストが非常に高く、ポスト教授のビーフパティの価格は２００ｇで３０００万円とも言われた。このエピソードは世界中で話題になったので、なんとなく覚えている人も多いだろう。その後、ポスト教授が設立したスタートアップであるモサ・ミートや、ビル・ゲイツなどの著名投資家から出資を得た米国のUPSIDE Foodsをはじめ、世界各地で培養肉の低廉化に向けた研究開発が進められた。その結果、シンガポールでは米国のイート・ジャストが開発した培養チキンの販売が開始されている。日本では、インテグリカルチャーというベンチャー企業が、細胞を培養するバイオ・リアクターと呼ばれる培養槽を製品化しており、多方面から投資を受けて成長している。同社の社長である羽生雄毅《はにゅうゆうき》氏にはインタビューをしたことがあるが「２０２３年には培養フォアグラの製品化が実現すると思います」と言っていた。フォアグラは脂肪の塊なので比較的作りやすいとのことで、たんぱく質が立体的な構造をもつ赤身肉を作る方が難しいそうだ。ただ、このように世界中で開発競争がなされている状況を見ると、培養肉を我々が手に取る日も、案外近いと考えざるを得ない。

さらに、最近では３Ｄバイオプリントの技術を〝肉づくり〟に活《い》かす動きも注目されている。３Ｄバイオプリントは元来、再生医療などの分野で生体組織の再現を目指して開発が進められていたが、イスラエルに拠点を置くスタートアップ、リディファイン・ミートは植物由来の成分をベースに３Ｄバイオプリントを用いた代替肉を生産している。

では、こうした代替肉は今後、どこまで市場として拡大するのだろうか。大手コンサルティングファームのA．T．カーニーが２０１９年に発表したレポートによると、２０３５年には代替肉が世界全体の肉類市場の45％を占めると予測され、この数字が代替肉業界で盛んに引用されてきた。しかしボストン・コンサルティング・グループが２０２１年３月に発表した予測では、２０３５年の代替タンパク質の市場シェアは11％にとどまるとされている。代替肉と代替タンパク質で違いはあるが、当初の想定ほどには伸びてこないのではないかというムードになりつつあるようだ。

しかし、代替肉が今後、今まで以上に台頭してくることは間違いないだろう。そこで１つの疑問が生じる。代替肉という存在は、そもそもエシカルといえるのだろうか？

●プラントベース代替肉は本当にエシカルか？

代替肉はエシカルフードたり得るのか、ということを考える際に、いくつかの論点がある。まず、代替肉のなかでもプラントベースについては、製造過程での遺伝子組み換え技術の利用が一部で問題視されている。すでに紹介したインポッシブル・フーズが使用している物質「ヘム」は、レグヘモグロビンという大豆由来のタンパク質を合成する遺伝子を酵母に注入し、この遺伝子改変された酵母を培養することで製造されている。「遺伝子改変」と聞いて「それは食べてよいものなのか？」と不安視する人は多いだろう。まさにこの遺伝子改変酵母をめぐっては議論が巻き起こっており、EUや中国本土など米国外の一部地域では、ヘムの安全性への懸念を理由にいまだ同社の商品発売が認可されていない。そうした食品に寛容な米国でも、その安全性を疑問視する声が上がっているという状況だ。

もちろんプラントベースについての問題はそれだけではない。現状ではプラントベース代替肉の原料となるのは、大豆や黄エンドウ豆、レンズ豆といった、たんぱく質を多く含む豆類となる。畜産物を完全に代替するとした場合、現在摂取されているよりも多量の原料が必要となるが、その生産のために環境破壊があっては本末転倒となる。だが、実際には、その本末転倒につながりかねない事態がすでに起きている。

２０２１年４月、世界最大の自然環境保護ＮＧＯであるＷＷＦが、世界各地で進む森林破壊の現状について興味深いレポートを発表した。このレポートは貿易を通じた各国の森林破壊への関与の実態を数値化し、森林破壊された地域で生産された農畜産物などの輸入によって、世界各国が貿易によってどのくらい森林を破壊しているかという、いわば森林破壊への〝貢献度〟を示している。２０１７年時点では、中国が最も高く24％、次いでＥＵが16％。さらにその後にインド（９％）、米国（７％）、日本（５％）が続いており、この５地域だけで全体の61％を占めているという結果になった。この内容に特に関心を寄せているのがＥＵだ。環境意識が高い文化性を持っているのに、貿易に関わる森林破壊において16％もの割合を占めていると試算されてしまったのだ。

なぜＥＵの貿易がそこまで環境破壊につながっているのか。それは、アマゾンの森林破壊が進行するブラジルから大豆や牛肉をはじめ多くの農畜産物を輸入しているからだ。なかでもこのＷＷＦレポートでは、品目別の森林破壊との関連度合いも示されているのだが、驚いたことに大豆が森林破壊にもたらす影響がとりわけ大きいことが指摘されているのだ。

実はここ数年、ＥＵはブラジルを含む南米経済同盟であるメルコスールとの貿易協定であるＦＴＡを結ぶべく交渉が進んでいるが、この環境問題によって「待った」がかかっている。その問題とはなにか。ブラジルでは２０１９年１月に就任したボルソナーロ大統領のもとで森林破壊が悪化の一途を辿《たど》っていると指摘されている。あるフランス政府関係者は、仮にメルコスールとのFTAが発効した場合、牛肉の対EU輸出が活発になることでアマゾンでの森林破壊が25％増加してしまうと試算。環境問題に拍車をかけるFTAには各国で根強い反対の声が上がっている。その森林破壊に大きく関与している作物こそ大豆というわけだ。EUは現在、ブラジル産大豆への依存から脱却すべく、模索しているという。肉の代わりに豆を食べれば環境問題は解決する、などという簡単な問題ではないということだ。

もう1つ、プラントベースの推進者たちがあたかも「畜肉と同じ重量のプラントベースで同じたんぱく質を摂取できる」と主張しているようにみえることが多いが、これは正しいとは言えない。というのも「たんぱく質の質」をみると、動物性たんぱく質と植物性たんぱく質には大きな違いがある。動物性たんぱく質は必須アミノ酸を含んでおり、それ単体で栄養価の高いたんぱく質であるのに対して、植物性たんぱく質は、不足している必須アミノ酸がある場合が多く、それ単体では良質なたんぱく質であるとはいえないということだ。こうしたたんぱく質の質を評価する指標としてFAOが作成した「消化性必須アミノ酸スコア（DIAAS）」というものがある。このDIAASを原料別に観ると、小麦が40・2、トウモロコシが42・4、大豆が99・6という数字に対して、牛肉は111・6、豚肉が113・9、鶏卵が116・4、粉ミルクが115・9となっている。大豆は健闘しているものの、質的には軒並み畜産物の方が高いということが明らかなのである。もちろんプラントベース代替肉が持つ「よい点」もあるとは思うが、プラントベースだけで世界が救われるという考え方には注意が必要だ。

●培養肉は本当にエシカルか？

培養肉はプラントベースよりも複雑な問題を抱えている。それは細胞培養という高度な科学技術の産物に対する消費者の抵抗感だ。

欧州最大の消費者保護団体・BEUCの調査によると「ほとんどの消費者は培養肉を口にすることへ心理的な抵抗を抱いている」とされる。また最近の研究ではこれが新しい文化への需要度が高いと思われる若年層においてもあてはまることが明らかになっている。豪・シドニー大学とカーティン大学が、25歳から18歳までのいわゆるZ世代を対象に行った調査によると、このZ世代のうち72％の若者が、培養肉を受け入れることには「準備が必要」と回答したのだ。

さらに、この調査では細胞培養の技術への信頼性について、若者の間で意見が二極化していることも明らかとなった。食品の生産が一部の科学者などしか知り得ない領域で行われることに不安を感じる層と、技術自体は理解できなくても環境問題などを解決するためには「賢明な人々」（Advanced Thinkers）に任せておけば良いと考える層への二極化だ。培養肉に関する技術や情報を一部の科学者や大企業が独占すれば、たとえそれが「安全」であったとしても、消費者の「安心」にはつながらない。これは日本でも古くから続いている、農薬の危険性や環境ホルモン問題などの危険性についての議論と同じだ。

この観点から興味深い取り組みをしているのが、日本を拠点に活動する「Shojinmeat Project」という団体だ。先のインテグリカルチャー社の社長を務める羽生雄毅氏がこのプロジェクトのまとめ役をしている。

このプロジェクトでは、なんと一般の人が自宅で作る培養肉、つまり「ＤＩＹ培養肉」の開発に取り組んでいる。医療用の培養液は高額だが、細胞培養に最低限必要なものは、市販のスポーツドリンクにいくつかの成分を加えるとできるという。そこに幹細胞を入れて一定の条件下におけば、培養肉を家庭でも作ることができるというのだ。実際、プロジェクトのＷｅｂサイトをみると、自宅で培養肉の製造に成功した事例をみることができる。羽生さんは、一般の人たちが積極的に培養肉に関わり理解することで民意主導で培養肉を含む細胞農業を進めていくことが大切だとしている。たしかに、怖い怖いと言うだけではなく、一歩進んで理解しようとする態度は必要だろう。

また、エシカルな観点以外からも、代替肉は大きな課題に直面している。それが、代替肉の表記をめぐる問題だ。現在、多くの代替肉が「ヴィーガン・バーガー」のような形で、バーガーやソーセージなど、従来の肉類に関係した表記（英語圏ではこれをmeaty names「肉っぽい名前」と呼んでいる）を商品名に使用している。これに、畜産業界をはじめとした、食肉関係者が強く反発しているのだ。米国の一部の州では、畜産業界等からのロビーイングを受け、代替肉に「meaty names」の使用を禁止する州法が施行されており、これに対して、ミシシッピ州などでは、代替肉メーカーが表現の自由の侵害を理由に訴訟を提起する事態にまで発展した。

ちなみに日本では2021年8月に政府から、プラントベース食品の表記に関する指針が示された。それによると「大豆使用」などのように植物性の原材料から作られたことが明記されていれば、代替肉であっても「肉」などの表記が認められる。

このようにエシカルフードの文脈から言うと、代替肉はまだ黎明《れいめい》期の段階といえる状況だ。ただし、私は今後、代替肉は必要不可欠な存在になると考える。現代の集約型の工場的畜産は、どう考えても多くの問題を抱えている。その問題の解決に必要なのはエシカルな畜産への転換だが、それは一方で「安価な畜産物」「大量生産できる畜産物」を放棄するということにもなってしまう。

気候変動で飼料作物が高騰し、コロナ禍の影響で輸送コストも上がる中、畜産が産みだす美味《おい》しいたんぱく質は、すくなくとも現在よりは高級品となる可能性が高い。代わりにわたしたちにとっての良質なたんぱく源となる存在こそが、代替肉なのかもしれない。その場合、その代替肉がどのように生産されているかに注目し、倫理的な配慮がなされていると確認した上で受け入れることが必要だと思う。

第六章　食品ロス

食品ロスの問題は、２０１４年頃から日本でも話題に上るようになり、食品ロス発生量の推計も２０１２年度から開始された。日本での食品ロス量のピークは２０１５年度の６４６万トンで、それ以降、徐々にではあるが減少傾向にある。最新のデータによると、２０１９年度の食品ロス量は５７０万トンで、２０１７年度、２０１８年度の過去最低水準を３年連続で更新している。近年の食品ロス減少の要因は明確になっていないが、食品ロス対策の分析を専門とする愛知工業大学の小林富雄《こばやしとみお》教授は「削減努力の成果だけではなく、景気などの環境変化の影響で減っている面もあるのではないかと思います」と指摘している。また、世界全体では、ＦＡＯの推計で13億トンとなっているものの、ＷＷＦ等の最新の調査では25億トンに上るのではないかとも言われている。

日本では２０１９年に食品ロス削減推進法が成立した。この法律では、政府が食品ロス削減に関する基本方針を定め、この基本方針を踏まえ、都道府県や市町村が食品ロス削減に向けた計画を定めるよう努めなくてはならないとされている。一方、この法律は消費者や事業者の〝心がけ〟の重要性も明記している。同法の前文には、「食品ロスを削減していくためには、国民各層がそれぞれの立場において主体的にこの課題に取り組み、社会全体として対応していくよう、食べ物を無駄にしない意識の醸成とその定着を図っていくことが重要」であり「国、地方公共団体、事業者、消費者等の多様な主体が連携し、国民運動として食品ロスの削減を推進するため、この法律を制定する」とある。このことについて小林教授は「国民の『もったいない精神』という心がけへの依存が大き過ぎると思います。国民運動という手法は日本の食品ロス対策の伝統ですね」としながら、「SDGsが重視される現代において、このような手法はすでに通用しなくなっています」と警鐘を鳴らす。「心がけ」ではなく、もっと抜本的な解決策を講じるべき、ということだ。

●もったいない精神の対処ではなく、根本要因を

SDGsの目標12は「つくる責任 つかう責任」と題されている。このなかで具体的なターゲットの1つとして掲げられているのが食料廃棄の削減だ。当然のことであるが、あらゆる食品は地球上の何らかのエネルギーや資源を利用して生産されている。つまり、食品を廃棄することは、その食品の生産にかかったエネルギーや資源を浪費することに等しい。食品ロスは立派な環境問題なのだ。国連環境計画が2020年に各国の政策担当者向けに公表し

た報告書によれば、地球上のＧＨＧ排出量のうち、約９％は小売業者や消費者によって廃棄される食品が原因とされている。したがって、ＳＤＧｓ社会の現代で重要なのは、食品ロスを〝減らす〟ことだ。「そんなの当たり前だ」と思われるかもしれないが、もったいない精神を軸とする日本の食品ロス対策は、本当に食品ロス削減につながっているのだろうか。また「もったいないから、食べる」という姿勢は〝食品ロスを減らす〟ことに重きをおいた態度なのだろうか？

本当に必要なことは、無駄な廃棄の根本要因を無くすことだ。Reduce（リデュース）、Reuse（リユース）、Recycle（リサイクル）の３つの英語の頭文字であるRを大切にしようという、３R運動という言葉を聞いたことがあるだろうか。リデュースは削減という意味で、無駄が出ないように元々の調達や製造工程を調整しようということ。再利用を表すリユースと、再生資源化を表すリサイクルよりも、最初から無駄が出ないようにリデュースすることが最も重要だと言える。「もったいないから」や「まだ食べられる」ばかりが注目される日本の食品ロス対策は、リサイクルを重視し過ぎているといえる。より重要なのは、食料の生産のあり方を見直し、適切な生産を実現することだ。そのためには、消費の場面だけではなく、食品の生産・流通の段階にまでさかのぼって対策を実行することが必要となるのだ。

●「3分の1ルール」の慣習とは

ここで流通段階における食品ロスの主要因ともなっている課題がある。日本の流通業界には「3分の1ルール」と呼ばれる商慣習がある。これは食品の賞味期限について、メーカーと卸、小売業者間で暗黙のうちに設定されたもので、賞味期限を3つに割って最初の3分の1が納品期限、次の3分の1が販売期限、最後の3分の1にはいると店頭から撤去するというものだ。つまり賞味期限が6ヶ月あるとした場合、メーカーは小売業者に製造日から2ヶ月の間に納品しなければならない。そして次の2ヶ月間が、小売業者の店頭で販売される期間だ。そして、賞味期限がまだ残っているにもかかわらず、最後の2ヶ月間は販売せず、撤去し、廃棄や返品処理などに廻《まわ》すというものだ。

「え、賞味期限が6ヶ月あるなら、最後まで売ればいいのに！」と思うかもしれないが、実際にはそうはならない。食品ロス問題の専門家である井出留美《いでるみ》さんによれば、「アメリカの場合は日本より長い2分の1、ヨーロッパの場合はもっと長くて3分の2くらいまでは納品を受け入れているのに、日本は3分の1と、とても厳しいです。販売期限も、あるコンビニオーナーの話によると、本当は11月までもつチョコレートであっても10月で廃棄するとのことです」という。ただし、食品ロス問題への関心が高まったことで、3分の1ルールの慣習を変えようとする動きもでてきているそうだ。

「京都市では、市とスーパー（平和堂とイズミヤ）が協力して1ヶ月間、賞味期限・消費期限がギリギリになるまで商品を販売するという実験を実施しました。すると、食品ロスは10％削減されたうえに、スーパーの売上が5・7％も上がったというのです」（井出さん）
つまり、食品ロスを減らしながら売上を保つことは、努力次第で可能ということだ。

●「食品ロス」と「フードロス」

ちなみに、よく「食品ロス」と同じ意味の言葉として、「フードロス」という言葉が使われることがある。食品は英語で「Food」だから同じ意味だと思われがちだが、実は英語圏で言う「Food Loss」と、日本の食品ロスは概念が異なる。そして、この背景にあるのも、やはり日本と外国との食品ロス対策への意識の差であると指摘するのは、先にも紹介した小林教授だ。

日本語の「食品ロス」とは、食品から発生する廃棄物全体を指す「食品廃棄物」のうち、まだ食べられる部分（可食部）を指す。バナナを例にとると、皮は食品廃棄物だが、中身は食品ロスということになる。一方、国連による定義をみると「フードロス」（Food Loss）は「廃棄される仕組みがあり無意識に捨てられるもの」とされている。わかりやすく言えば、主に産地での生産・収穫から店舗に届くまでの輸送中に発生した廃棄、例えば規格外農産物の廃棄などがこれに含まれる。つまり、消費の段階で発生した廃棄については、フードロスと言わないのだ。小売や消費の段階で発生する廃棄は、「フードウェイスト」(Food Waste)と呼ばれる。この定義は「選択を失敗するなど、人の自由意思にもとづく行為によって引き起こされるもの」とされ、主に店舗や消費者によって廃棄されるものを指す。これらのことを踏まえて、小林教授はこう指摘する。「日本語の食品ロスは「まだ食べられるかどうか」つまり廃棄物かどうかに注目した概念です。一方、国際的に用いられるフードロスやフードウェイストは、発生原因を踏まえて、「生産から消費までのどの段階で廃棄が発生しているのか」という流通システムに注目していると言えます」

日本の食品ロス対策の改革では、単に消費者の「もったいない精神」に訴えるだけではなく、こうした言葉の改革にも取り組み、発生現場や要因を踏まえつつ、個別に対策を練っていくべきだろう。もちろん、私たち消費者がもったいない精神を発揮することは大事だが、家庭の食においても、リデュース、リユース、リサイクルの順番にできることがないか、しっかり見直してみることが必要だ。

第七章　東京オリパラはエシカルに運営されたか

●オリンピックは社会問題解決のショーケース

２０２１年夏、第32回オリンピック・パラリンピック競技大会（以下東京オリパラ）が開催され、閉幕した。コロナ禍の影響を踏まえ、２０２０年に開催されるはずだった大会を１年延期した上で、蔓延《まんえん》予防の観点から無観客開催となったこの一大イベントをどう評価するか。ひと言で表せば、ＳＤＧｓ的世界観を広めるオリパラではなく、コロナ対策最優先のオリパラとなってしまったということに尽きるだろう。

オリンピックは、世界各国からアスリートたちが集い、競技するイベントではあるが、それだけではない。開催国は世界に対し「我が国は国際社会の主人公たる実力がある」と表現する場としても機能している。２００８年の中国・北京大会開催前後の中国経済の目覚ましい伸展はいい例だ。もちろんそれだけではなく、オリンピックは「社会問題解決のショーケース」であるといってもいい。そもそもオリンピックは環境破壊イベントと非難されていた。たしかに、実質２ヶ月弱のイベントのために巨大なスタジアムなどの施設が建てられ、木材や鉄鋼などの建築材料に、膨大なエネルギーが投入される。そして熱狂の競技が終わると、それら施設はほぼ使われることがないままうちすてられることが多い。環境保護団体から観ればオリンピックは壮大な環境問題を発生させるイベントだった。1972年、札幌《さっぽろ》で開催された冬季オリンピックでは、当初競技施設を建設する予定だった山の標高差が足りず、急遽《きゅうきょ》自然を誇る恵庭岳《えにわだけ》に変更された。これに対して、環境保護の観点から猛烈な反対運動が巻き起こり、公益財団法人東京オリンピック・パラリンピック競技大会組織委員会（以下、組織委員会）は大会後には施設を撤去することと、植林をすることで原状回復をすることを約束した。ただし、じっさいにはもとの植生にあったエゾマツが入手困難に陥ったなど、施設建設前の完全なる復元はできていないという評価が多い。こうしたことがその後のオリンピックでもその都度引き起こされてきた。

国際オリンピック委員会（ＩＯＣ）が根本的にこうした姿勢を改めたのは1990年代だ。当時のサマランチ会長が、オリンピックの主要テーマに「環境」を加え「スポーツと文化と環境」とする姿勢を示し、1992年のスペイン・バルセロナ大会以降、環境への配慮を打ち出すこととなった。そして2012年のイギリス・ロンドン大会では今日のＳＤＧｓにつながる「持続可能性」がテーマとなり、気候変動抑制のため、ＧＨＧ排出を最小限に留めること、廃棄物ゼロを目指すこと、生物多様性を守ること、すべての人々が大会にアクセスできるインクルージョンを大切にすることなどが目標設定されたわけだ。この方向性の中で、本書でも何度も登場した、大会中に提供される食に関する指針「フード・ビジョン」が策定され、持続可能な水産物や、環境負荷を低減したオーガニック食品を優先的に使用することなどが実行されたのである。

●SDGs的世界観の中で問題が浮き彫りになった東京大会

では、2020年に開催するはずだった東京オリパラでは何が求められていたのだろうか。それはズバリ、SDGs的世界観を遵守《じゅんしゅ》した上で発展する日本国というメッセージだ。「えっ、そうなのかな？」と思われるかもしれないが、実際に東京オリパラ開催を巡ってニュースとなった話題を振り返ってみると、あることがわかる。

たとえば「森喜朗《もりよしろう》組織委員会前会長の女性蔑視《べっし》発言」、「開会式のクリエイティブ・ディレクターが容姿侮辱《ぶじょく》のアイデア」、「橋本聖子《はしもとせいこ》会長が過去、フィギュア男子選手にキスを強要した問題」、「開会式の音楽担当者の過去のいじめ発言問題」、そして「スタッフ向け弁当を13万食以上の大量廃棄」といった話題が思い出されるだろう。中にはメディアのミスリードかもしれないケースもあったかと思うが、これらはすべて不祥事として世間を騒がせ、責任をとる形で職位を退いた人も多い。

乱暴な言い方かもしれないが、これらの問題は20年前の日本であれば「まあまあ、いいことではないけれども、それくらいは見逃そうよ」というムードで迎えられたような内容と思えないだろうか。しかし２０２１年の日本では、それを受け入れてしまってはならない状況だった。なぜならこれらの問題は欧米のＳＤＧｓの観点からみれば、すべてアウトとなる問題だからだ。女性蔑視発言はジェンダー問題、容姿の侮辱やキス強要、いじめは人権問題、弁当廃棄は食品ロス問題なのだから。

ただし、開催前や開催中にそうした問題が発見され、メディアが世間に対して問題を提起し、開催内容に修正が加えられたという点においては、ある程度そうした問題に対応しようという意思と実行力を見てとれたということから、評価してもよいと思う。

では、本書がテーマとしているエシカルフードの観点からみると、東京オリパラはどのように評価できるのだろうか。

●今後の努力が必要？　帳尻合わせにもみえる食材の調達

ロンドン大会、リオ大会に引き続き、東京オリパラでも持続可能性への配慮は最も大きなテーマ（実際にはコロナ対策の方が大きかったかもしれないが）となった。このため、東京オリパラの組織委員会はすべての物品やサービスの調達において、供給者（サプライヤー）に持続可能性への取り組みを条件とした。チェックリストをみると環境、人権、労働、経済といった分野で持続可能性に関する取り組みをしているか？　という質問が並んでいる。それら質問項目は、欧米のエシカル問題で必ず出てくる項目ばかりである。CSR活動の部署が設けられているような大企業であればこうしたチェック項目はすべてクリアされていると思われるが、中小企業だとこころもとないかもしれない。

さて、エシカルフード的な問題といえば、それぞれの品目ごとにどのようなポイントがあり、実際にどのような調達がなされたかということだ。調達コードは農産物・畜産物・水産物・紙・パーム油に分かれている。

農産物では、食品安全と環境負荷の低減、労働安全の確保が求められている。問題は、それらの持続可能性をどんなスキームで担保するかということだ。ロンドン大会では、求められる要件が満たされているかどうかを「認証の有無」で判断していた。食品安全を重視すべき選手村での食品については「必ず守るべき」義務的基準と、「それを上回る基準」として意欲的基準を設けていた。ロンドン大会の農産物の必ず守るべきベンチマークは、英国で生産され、生産工程と流通工程が適切に管理されていることを認証するレッドトラクターという認証マークの付いた製品であること。ただし英国産で調達できない品目については、トレーサビリティが確保された製品であること。バナナや茶、コーヒー、砂糖はフェアトレード認証品であることとなっている。このベンチマークを上回る意欲的基準としてオーガニック認証や、ヨーロッパで運用されているエシカル調達の認証、フェアトレードなどを挙げていた。

では日本の調達コードはどのようなものだったか。

●有機農産物の拡大ではなく、GAP認証の普及を選んだ農産物

当初、東京でのオリパラ開催が決定したとき、食の業界では「東京大会のフードビジョンはどのようなレベルになるのか」という話題でさまざまな意見が交わされた。というのは、日本は農産物の認証に関してはかなり欧米にひけをとっているからである。有機農業でいえば、2020年4月における有機認証取得ほ場（田畑のこと）は、全耕地面積中の0・27％に過ぎない。たった2ヶ月程度の開催期間とはいえ、200万食を超える選手村の食卓に並べるだけの有機農産物は調達できるのか。日本における有機農産物は、一般の卸売市場経由で流通するものよりも、生協組織や専門流通団体を通じて消費者に届けられるものが多く、それらは年単位の契約取引で確保されているのが普通だ。たった2ヶ月間の大会向けに、約束された流通を引っぺがしていきなり調達することなどできるはずがない。どうなるのだろうかという声が多く上がっていた。

もちろん農産物に関する認証は有機認証以外にもあるものの、安全性や生産工程の管理に関し、第三者の監査を経てお墨付きが出るような信頼性のある認証はそれほど選択肢が無い。そんな中、東京オリパラのベンチマーク基準として採用されたのは「適正農業規範」（ＧＡＰと略）だ。もともとはＥＵにおいて、農業者が遵守すべき規範として、環境保全や景観維持、農薬・化学肥料の低減等を盛り込んだＧＡＰが提唱された。ＧＡＰを守っていることがＥＵでの生産者への補助金の交付要件となり、また大手スーパー等の小売業者が、取引を行う際に生産者にＧＡＰを遵守していることを求めるようになったという経緯がある。

東京オリパラのベンチマーク基準では、ＡＳＩＡＧＡＰもしくはＧＬＯＢＡＬＧ.Ａ.ＰをはじめとするＧＡＰ認証を受けた農産物であることとなった。ＡＳＩＡＧＡＰとＧＬＯＢＡＬＧ.Ａ.Ｐはどちらもある程度全国に普及している認証である。ＧＡＰという認証の仕組み自体は、農場や施設、生産工程や農薬・肥料などの資材の適正な使用について定めた上で、1年に1回は第三者の監査を受けることが定められている。その基準の高さと信頼性については、有機認証には及ばないものの、一定の評価基準としては機能するといっていいだろう。

ただし残念だったのは、都道府県が独自に運用するＧＡＰ（通称、都道府県ＧＡＰ）認証品でもよい、とされていることだ。都道府県ＧＡＰの内容がいい加減であるとは言わないが、基準の高さについては玉石混淆《こんこう》であり、有機農業関係者からは「結局はザルではないか」という声も上がっていた。

ただ、ロンドン大会でも有機農産物の使用率はそれほど高くはなく、普及率の高いレッドトラクター認証品が主体的に利用されていたということを鑑《かんが》みれば、日本としてはGAP認証品を前面に押しだしたのも仕方のないことかもしれない。

●世界のアニマルウェルフェア議論を何とかかわした畜産物

畜産物の調達で重要視されるのは、農産物のような安全に関わる基準ももちろんだが、こと東京大会においてはアニマルウエルフェアが遵守されているかに注目が集まった。2018年、まだ世界がコロナに見舞われる前の段階で、海外の9名のオリンピアンが東京大会で使用される鶏卵と豚肉に関して、「鶏卵はケージフリーを、豚肉は母豚に妊娠ストールを使用しないものであること」を要望する共同声明を公表した。鶏卵のケージフリーとは、親鳥をケージの中で飼わずに、平飼いまたは放し飼いをすることであり、母豚の妊娠ストール不使用は、出産後に母豚が子豚を押しつぶしてしまうことがないように、母豚の身体を拘束する装置を使わずに育てるということだ。どちらも、鶏や豚の本来的な欲求を妨げ、身体的苦痛を与えるということで、欧米で批判の対象になる畜産システムである。ちなみに、ロンドン大会ではケージフリーたまごが使用され、母豚の妊娠ストールはそもそもイギリスでは禁止された飼育方法であった。ロンドンの次のリオ大会においては、ケージフリーのたまごが標準使用され、妊娠ストールについてはブラジル国内の大手食肉企業であるＪＢＳが２０２５年までに段階的に廃止することを表明している。

　このように、ロンドン～リオとよい調子でアニマルウェルフェア調達のバトンが手渡されてきたが、残念なことに東京大会はこの分野では完全に世界の潮流に乗り遅れていることを知らしめてしまった。その象徴的な事件が２０２１年中に起きた、笑い話のような出来事だ。それは、大手鶏卵生産業者であるアキタフーズの当時の代表である秋田《あきた》善祺《よしき》氏が、吉川貴盛《よしかわたかもり》農水大臣（当時）にいわゆる賄賂を渡し、東京地検に起訴された事件である。秋田氏は吉川大臣に「アニマルウェルフェアが日本に入ってきたら養鶏業界は壊滅する」と言い、国際的な基準案に反対して欲しいと要請したというのだ。このニュースを聞いたとき、私は冗談抜きで「おいおい、話が違うじゃないか」と椅子からずり落ちそうになってしまった。

　私も食の仕事をする中で、鶏卵業者と一緒になる機会は多く、さまざまな情報交換をしてきた。アニマルウェルフェアやケージフリーについてももちろん意見を交わしたが、多くの関係者が口にするのが「生たまごを食べる文化を守るためのケージ」ということだ。ご存じだろうが、生たまごを食べるという日本の食文化は世界でも珍しく、海外では加熱して食べることが常識となっている。この食文化を守るため、鶏卵の生産段階では細心の注意と衛生的な生産システムが導入されているのだが、そこではケージが重要だという。というのも、平飼いや放し飼いだと、糞《ふん》が落ちている床の上にたまごを産むことになり、サルモネラ菌などの食中毒菌との接触リスクが生じてしまう。その点、ケージで飼うと糞は下に落とし、たまごと分離することが容易になる。

「だから、ケージ飼いも悪いことばかりではないんですよ」

というのが、ケージでの鶏卵生産を推進する人達の説明だったのだ。ああ、なるほどなあ、そういうことならケージ飼いも仕方が無いのだろうか……いくばくかのモヤモヤを抱えながら、私もそうした「ケージフリーができない理由」について記事に書いたこともあった。

でも、それは違ったのだ！

いみじくも秋田氏の農水大臣への「要請」は、鶏卵業者の本音は「設備や労働力の投資が甚大になるから、やりたくないよ！」というものだということを明るみに出してしまったわけなのだ。あーあ、なんだか裏切られたなあ、結局はケージフリーのコストが高いからやりたくなかったんじゃないか。こうなったら東京大会のアニマルウェルフェア基準はしっかり高くして欲しいと思ったものだ。

しかし残念ながら、東京大会の調達コードでは、アキタフーズの不祥事で起こった疑問を払拭《ふっしょく》するような基準は採用されなかった。組織委員会の調達コードでは下記のように記されている。

「快適性に配慮した家畜の飼養管理のため、畜産物の生産に当たり、アニマルウェルフェアの考え方に対応した飼養管理指針（注1）に照らして適切な措置が講じられていること」

ここにある注を参照すると、「アニマルウェルフェアの考え方に対応した飼養管理指針は、（公社）畜産技術協会が専門家による議論を経て策定しているもので、ＯＩＥ（国際獣疫事務局）での規約（コード）の策定や改正に合わせて、随時改訂されているもの」とされている。

そうか、ちゃんと検討された指針があるのか、と思うかもしれないが、この畜産技術協会による飼養管理指針に書かれている内容は、とても欧米で議論されているアニマルウェルフェア基準を満たしているとはいえない。言ってみれば「アニマルウェルフェアに取り組んでいると言うための、最もハードルの低い指針」といってよいだろう。たとえば採卵鶏の指針では、鶏をケージ方式で飼養することをまったく制限しておらず、欧州でケージが撤廃されている状況については「従来のバタリーケージから改良型ケージへの変更が進められているが、闘争発生の増加と生産性の関係等の面で、まだ研究の余地がある」と悠長なことが書かれている。また、豚の指針にも、欧米で問題視される妊娠ストールについて、ストールの仕切り棒や取り付け器具に妨げられないように、十分な広さを確保しましょうなどと書かれている程度で、明確な基準があるわけではない。

このように、畜産については、欧米で議論されている問題を解消するような方向性がほぼみられない調達コードであったと言わざるを得ない。それは、肉牛や酪農の調達コードについても同じである。

●信頼性に疑問符がつく認証をベンチマークに採用した水産物

つづいては水産物だ。水産物の調達コードに関しては、その素案が公開されたあたりから、環境保護団体などから厳しい声があがっていた。その基準は主に4つ。

①漁獲又は生産が、FAOの「責任ある漁業のための行動規範」や漁業関係法令等に照らして、適切に行われていること。

②天然水産物にあっては、科学的な情報を踏まえ、計画的に水産資源の管理が行われ、生態系の保全に配慮されている漁業によって漁獲されていること。

③養殖水産物にあっては、科学的な情報を踏まえ、計画的な漁場環境の維持・改善により生態系の保全に配慮するとともに、食材の安全を確保するための適切な措置が講じられている養殖業によって生産されていること。

④作業者の労働安全を確保するため、漁獲又は生産に当たり、関係法令等に照らして適

切な措置が講じられていること。

この基準の方向性は、ロンドン大会のフード・ビジョンなどに照らしても、おかしな部分はない。ところがこの後が問題だ。基準を満たしていると判断するために、国際的な水産物の認証を受けたものは基準を満たしているとみなすのだが、その認証として、ＭＳＣ、ＡＳＣ、ＭＥＬ、ＡＥＬおよびＦＡＯガイドラインに準拠した認証製品を「よし」としている。このうち、ＭＳＣやＡＳＣについては本書で紹介したとおりで、すでに国際的にその妥当性が認められたものだ。ところが、ＭＥＬとＡＥＬの２つはそうではない。基準の中にＦＡＯの行動規範に沿っていることという要件が出てくるが、この２つはこの行動規範に基づいて策定されたＦＡＯガイドラインの内容に準拠していないという指摘が多くのＮＰＯから指摘されてきた。

実はＭＥＬもＡＥＬも、その役員リストには日本の水産業界の主要な企業出身者や水産庁出身者が並んでいると言われる。そして、その認証基準はどうにかして日本の水産物が『きちんと資源管理をされていますよ』というための、言ってみれば低いレベルの基準に留《とど》まっているという。実際、ＦＡＯの基準では乱獲状態にある資源を漁獲してはならないが、ＭＥＬ認証を取得した漁業者が太平洋クロマグロやマサバといった資源が低位状態にある魚種を巻き網漁で漁獲しているではないか、という声があがっている。

そんな認証をなぜ採用できるのか。実は、MELについてはあるお墨付きがついている。世界にはさまざまな認証があるのだが、認証スキームが乱立すると、消費者は「どの認証マークを信用すればよいの？」と混乱してしまう。それは水産漁業者も同じことだ。そこで、言ってみれば「認証の認証」とも言える仕組みがある。GSSI（Global Sustainable Seafood Initiative）という組織がそれで、ある認証スキームが妥当な基準と手順を踏んで認証を行っているかを審査している。MSCやASCはもちろんGSSIから承認されている。のだが……なぜか、日本国内からも海外からも「基準レベルが低く、透明性がない」と批判されているMELもGSSIから承認されているのだ。これについては「いったいどんな経緯で承認されたのか？」と不思議そうな声を上げるNPOの関係者が多い。

そして、最大の問題点は、認証についての記述の後に来る一文だ。それは、「上記3に示す認証を受けた水産物以外を必要とする場合は、以下のいずれかに該当するものでなければならない」としている。

（1）資源管理に関する計画であって、行政機関による確認を受けたものに基づいて行われている漁業により漁獲され、かつ、上記2の④について別紙に従って確認されていること。

（2）漁場環境の維持・改善に関する計画であって、行政機関による確認を受けたものにより管理されている養殖漁場において生産され、かつ、上記2の④について別紙に従って確認されていること。

（3）上記3に示す認証取得を目指し、透明性・客観性をもって進捗《しんちょく》確認が可能な改善計画に基づく漁業・養殖業により漁獲または生産される場合を含め、上記2の①〜④を満たすことが別紙に従って確認されていること。

この（1）〜（3）というのは、法令を遵守しており、資源管理計画または漁場管理計画があればよい、と言っているに過ぎない。法令遵守は今日では当然であり、「計画」などはいくらでも作ることができる。重要なのは「計画」が正しい内容かどうかチェックされ、正当に執行されているかを確認できることなのに、それについては不問とされている。これでは結局、どんな水産物でも使えてしまうじゃないか、ということなのだ。

つまり東京大会における水産物の調達コードは、一見すると厳密な管理体制のもとで資源に配慮した水産物が使われるように見えて、絶妙な形でザルになっているということだ。アニマルウェルフェアと同様に、かなり残念なものとなった。

●弁当の大量廃棄など、食品ロス問題はどう評価されるか

ここまで、東京大会の食品の調達に関わる部分を観てきたが、期間中に世間を騒がせた問題として、スタッフ向けの弁当が消費されず、大量に廃棄していたという出来事があったのを覚えておいでだろうか。主にスタッフ向けの弁当の13万食分が、実際には食べられずに廃棄されていたという問題だ。金額にして１億１６００万円に上る、大型の食品ロス問題であり、注目を集めた。大会期間中だったこともあってか、組織委員会からは十分な情報が発表されなかったことから、主に食品ロスの専門家たちから厳しい非難の声が上がった。

オリンピック・パラリンピックで食材が使用されるのは、選手村での食事や関係者向けの食堂、そして海外から来日するメディア関係者などにむけたケータリング、そしてスタッフ向けの弁当などだ。来日する選手団や関係者の総数はそこまで大きな変動はなかったはずだが、無観客での開催という大きな変更があったことで、当初の食材見積から大幅に削減する必要に迫られた。食材の多くは、冷凍品としてかなり事前から調達が進んでいたこともあるだろうから、事業者の怠慢ということは気の毒かとは思う。ただし、弁当廃棄の問題については、早い段階でのキャンセルによる回避か、フードバンク等への寄付などをもっと積極的に検討すべきことであっただろう。

組織委員会の報告書をひもといてみよう。大会期間を通じてメインダイニングでの食材の

総使用量は1207トンに及んだという。食材の皮や骨などを除いた後の可食部分の処分量は175トンで、処分率は14・5％であった。43ある競技会場でスタッフや関係者へ提供した弁当は160万食。ただし、大会開催を取り巻く環境が流動的だったこともあり、発注量の見直しが十分でなかった、また当日のシフト変更などによって発注した数と実際に消費される数に乖離《かいり》が出てしまったとしている。結果、開会式ではおよそ1万食分の弁当を提供したものの、4000食が非喫食（余った）となったとある。最終的に、非喫食数は30万食となったということだ。

ちなみに「非喫食」は「廃棄」ではないの？　と言われるかもしれない。東京大会ではフードロスの項で説明した「3R」という環境への配慮の原則、つまり①リデュース（廃棄の発生要因自体を削減すること）、②リユース（廃棄せずに再使用すること）、③リサイクル（廃棄せず再資源化すること）の3点が謳《うた》われ、実践されていた。従って、非喫食すなわち廃棄ではなく、ある程度はリユースされたり、リサイクルされたりという形をとっていた。報告書では、食品廃棄物は飼料化・バイオガス化の工場へ持ち込まれ、養鶏や養豚むけ飼料に加工されたり、都市ガスに利用されたりしたとある。ただし先にも書いたように、この3Rで重要なのはその順序だ。まず一番に来るのはリデュースで、そもそも廃棄が出ないように努めることが大事。それでも出そうになったらリユースに努め、それでも廃棄が出るなら、仕方がないのでリサイクルという考え方をとる。ついつい「リサイクルをするならまあいいか」と思ってしまいがちだが、それでは遅いということに注意しなければならない。

　とはいえ、東京大会の全期間を通じて、食品ロスは徐々に改善されてはいた。当初こそ、冒頭にあった弁当の大量廃棄があったものの、その後の発注量抑制の努力によって、大会の閉会式では、６０００食の提供のうち被喫食数は約２００食にまで下げられたとある。リサイクルにまわす前に再利用に努めるべきという点においても、オリンピック・パラリンピックでは選手や関係者への安全性や衛生面での配慮が最も重要視されるため、高温多湿の日本で傷みやすい食品を再利用するのは難があったことだろう。

　食品ロスの項で登場していただいた小林富雄教授によれば「東京大会の食品ロスについては、開幕直後に弁当廃棄問題があかるみにでたことでメディアが騒いでしまったため、ネガティブな印象がつきまとってしまいました。ただ、もちろん開幕直後の食品ロスについては厳しい評価せざるを得ませんが、その後の改善策はポジティブに評価できると思います。具体的には、問題の告発や批判をきちんと受ける窓口が設置され、回答もなされていたため、大会運営側にきちんと受け止められているということが外からわかるようになったことは画期的です。総じて観ると、東京大会の食品ロス対策はある一定の評価に足るものと考えられます」ということだった。

東京大会の総括をしようとすれば、それだけで1冊の本が仕上がるくらいの情報量がある。ここで述べたことは、大会の食に関するほんの一部分に過ぎないので、ご了承いただきたい。ただ、筆者としては、東京大会は問題は多かったものの、開催してよかったと考えている。それはなぜかというと、東京大会を開催したことで、現代の日本が抱えている諸問題（食の分野に限らず）が明るみに出てきたからだ。大会を中止したならば、それら問題の多くも表層に出てこなかったかもしれない。

東京オリンピック・パラリンピックのレガシーとは、現代日本が抱える問題点を、ＳＤＧｓ的世界観から浮き彫りにしたことに他ならないのだ。

第八章　牛肉の環境負荷は巷で叫ばれるほどに高いのか

●畜産業のGHG排出は本当に圧倒的に大きいと言えるのか

第五章で示したように、プラントベース食品の台頭の背景にあるのは、それらが代替しようとしている畜産物のマイナス面に対する批判があるからだ。薬剤耐性ウィルスの問題や、工業的な畜産の問題は第五章で指摘したが、最も大きい問題とされているのは畜産業の環境負荷が他産業に比べ高いという懸念、特に畜産から排出されるGHGの問題である。

畜産が環境に与える負荷について、よく引用されるのが「人間によるGHG排出量のうち、畜産業による排出は14・5%を占める。これに対して、交通・運輸が占める割合は14%。つまり、畜産業は交通・運輸より環境負荷の高い産業だ！」という言説だ。数字が前後したり「車が排出するガスより多い！」と微妙に言い回しが変わったりするものの、このような話を耳にした人は多いのではないだろうか。私自身、あるエシカル消費関連のオンライン会議の席上でこの数字を訴える環境活動家に出くわした。また、オーツ麦を原料としたプラントベースミルクであるオーツミルクを製造する、スウェーデンのOatly社も、イギリスでの

Twitterアカウントで「畜産業は、全世界の交通輸送の合計よりも多くのCO2を排出している」と発信し、大きな反響を得た。

じつはこの言説は間違いである。元となる数字は国連機関であるIPCCが出しているものなのだが、そこで語られている数字をよく読まなければならない。GHGの排出量には、その産業が直接的に排出する直接排出（Direct Emissions）と、ライフサイクル全体の排出量を測るライフサイクル排出（Life Cycle Emmissions）がある。世界の畜産業の直接的なGHG排出量は5％だが、これは牛のげっぷが含むメタンや、糞尿《ふんにょう》から排出される一酸化二窒素の測定量だ。対して、畜産のライフサイクル全体からの排出量を観ると、そこには飼料の生産や流通段階、そして畜産物の食品製造や流通・販売段階のエネルギーなども含まれるとされ、その数字が14・5％となる。つまり、畜産業が関わる生産から消費全体を含めた数字が14・5％というわけだ。

問題は、畜産と比較される交通・運輸の数字だ。IPCCの統計によれば、「畜産より少ない」とされている数字は直接排出の方で14％となっている。畜産からの総排出を14・5％とするならば、交通・運輸の数字もライフサイクル全体のものを出すべきだ。しかし、この分野の研究をするFAOの研究者によれば、残念なことに交通・運輸全体の数字というのは出ていないのである。ただ、直接排出だけで14％だった交通・運輸部門全体の排出と考えると、石油の掘削から精製、その運搬といった部分での排出は、どう考えてもプラス０・５％で留《とど》まるはずがない。つまり、「畜産業から排出されるＧＨＧは交通・運輸のそれより大きい」という言説は間違いということなのだ。先に書いたオーツミルク大手のoatly社のツイートにも「それは間違いだ！」と畜産業界などから反論・批判が殺到し、２０２２年１月に英国内の広告審査で正式に「不適切な内容」とされた。もし、読者のみなさんがこのような話題に遭遇したら、ぜひ「それは違うらしいですよ」と投げかけて欲しい。

●それでも畜産業からのＧＨＧ排出は他食品より大きい

それでは、畜産物の環境排出は問題にしなくて良いのだろうか。残念ながらそうではない。やはり畜産物、中でも肉の生産時に排出されるＧＨＧ量は大きいといわれる。ＩＰＣＣが、肉を食べる量を段階的に減らすと、どれだけＧＨＧを緩和（削減）させられるかという研究をしているのだが、「動物性食品を一切食べない」がもっとも削減に寄与するのは当然として、「魚介類を食べるベジタリアン」がその半分程度の寄与となり、「野菜類を豊富に摂《と》りつつ、適度に肉を食べる」だと３割程度の寄与へと下がる。「適度に肉を食べる」がどの程度の頻度と量なのかにも依るが、肉を食べることは明らかに大きな環境排出となってしまうということだ。われらがエシカル・コンシューマーによれば、１日に１００ｇ以上の肉を食べる人の年間CO2排出量は2・6トン、対して一切の動物性食品を摂取しないヴィーガンは1トンと、倍以上の差があるとしている。また、アメリカにおける、食品分野別のGHG排出量の研究をみても、穀物、生鮮野菜、フルーツなどの排出量に比べ、ミルクは倍の排出量、肉類は倍どころか8倍以上の差をつける結果となっている。

まとめると「畜産業のGHG排出量は、他産業に比べて飛び抜けて高いわけではないが、食品の中では飛び抜けて高い」というのが正しい認識となる。

こうした状況で、畜産の世界では「削減してね」という課題がどんどん課せられつつある。すでに国際会議であるCOP21とパリ協定で、GHG削減の目標として2030年度までに2013年基準で26％削減という目標が日本にも課せられた。それなのに、2021年4月には、菅義偉《すがよしひで》首相（当時）がGHGについて、26％どころか46％も削減することを目指すと表明してしまった。加えて、世界的にSDGsに則した政策立案が必須という流れになり、もう畜産分野はGHG削減というテーマから逃げられない状況なのだ。

GHG排出における畜産への懸念は、2006年に国連機関であるFAOが「畜産業の長い影」という報告書を出したあたりから指摘されていた。家畜生産が環境にもたらす影響（長い影）を、温暖化に限らず、水や大気の汚染、資源消費の大きさなどの点から指摘。世界の人口が増大していく中、畜産業を拡大していくと、近い将来に地球環境に対して大きな負の影響を与えていくであろうことを予見している。こうした科学的な予見に基づき、COP21とパリ協定でGHG削減の目標が立てられ、各国ともそれに対応していくこととなった。なお、2021年に開催されたCOP26では、2030年までにメタン排出を30%削減（2020年比）するという「グローバル・メタン・プレッシ」が掲げられた。これは畜産業界に対する大きなプレッシャーである。

●畜産物のGHGは、実際にはどの程度排出されているか

では、農業・畜産の現場ではどのようなGHG削減の取り組みが行われているのだろうか。まずは、農畜産業部門全体を見たときのGHGがどこからどれだけ排出されているかを把握しなければならない。農畜産業システムは各国で条件がまったく違う。アメリカのようにフィードロットに牛を集約し、穀物飼料を与えて育てる国と、ニュージーランドのように牧草地を活用して、草だけで牛や羊を育てている国とでは、まったくシステムが違うことはおわかりだろう。このため、国ごとにどれだけ農畜産業部門からGHGが排出されているかを調査するところから行われている。

全世界における畜産業のGHG排出の平均は、全体のおよそ5%といわれているが、これは畜産からの直接排出であって、飼料生産やその他の工程を含めたライフサイクル全体の排

出量の数字ではない。現在ＧＨＧのカウントは直接排出で計算されることとなっているので、この数字を使う。また、ＧＨＧ排出量の測定方法は国際的に共通の手法やモデル式を使用することとなっているので、ある程度は共通の土台で話をすることができるわけだ。

実際にどのようにＧＨＧを測定するのだろうか。もっとも正確な測定方法といわれるチャンバー法は、言ってみれば大きな箱を作り、そこに家畜を入れて、出てくる呼気をすべて集めて測定する。１頭の牛がどの程度の体重で、どの程度の乳または肉を生み出していると、メタンはどの程度発生するかということを把握する。閉鎖環境で発生したガスを正確に測ることができるが、大がかりな仕組みが必要だ。そこで、ヘッドボックスと呼ばれる、頭だけを箱に入れて呼気を測る方法や、近年日本でも導入が進んでいる搾乳ロボットに呼気を集める仕掛けを施すなど、さまざまな手法で調べられている。

では、日本の畜産から排出されるＧＨＧはどの程度なのか。まず、日本のＧＨＧ総排出量は12・４億トン（２０１８年度）で、このうち農林水産分野は５００１万トン（同）。つまり農業全体で４％と推計されているのだが、その内訳をみるとちょっと驚いてしまう。まずもっとも大きいのはハウスなど施設栽培で燃料を使用して温度を上げる使い方による二酸化炭素で33・３％。次に大きいのがなんと、稲作で田んぼから排出されるメタンで27・１％。メタンは二酸化炭素より温室効果が大きな物質だ。そして次に家畜の消化管内発酵で14・９％。

これが何のことかというと、よく「牛のげっぷ」と言われるアレだ。牛は胃が4つあるが、1つ目の胃には微生物が一杯棲《す》んでおり、草や穀物を発酵させる。この時にメタンが排出されるのだ。

次に、農地の土壌から排出される一酸化二窒素という物質が10・8％。これはメタンよりさらに温室効果の大きな物質である。次に、家畜の排泄《はいせつ》物、つまり糞や尿から出る一酸化二窒素が7・8％。その糞や尿を堆肥《たいひ》にする際に出るメタンが4・6％。主なところはそのような内容だそうだ。そうなると、畜産が直接寄与している27・4％に加え、畜産も燃料や土壌を使用しているので、それらを足しあわせると農業分野におけるＧＨＧの40％、２０００万トン程度だろうか。日本の総排出12・4億トンに占める割合は、全体からみれば１・６％程度となる。

先述したように畜産業から直接排出されるＧＨＧの世界平均は5％程度なので、日本の１・６％はかなり低い。いったいなぜこんなに小さい数字に評価されるかというと、理由がある。まず、日本はなんだかんだいって、畜産の生産量は多くない。畜産大国で、乳製品や畜肉の輸出が一大産業であるニュージーランドでは、農畜産業からのＧＨＧ排出がなんと48％、家畜由来だけでも36％とされている。桁《けた》が違うのである。

次に、先にも書いたようにこの数字は直接排出の値であって、ライフサイクル全体の数字ではない。日本は畜産の飼料のほとんどを海外から輸入する穀物飼料や粗飼料に頼っている。これらを生産したり、輸入したりする際のGHGはカウントされておらず、飼料生産国に背負わせているのである。これについては大いに反省しなければならないところだ。

それにしても、日本の畜産から排出されるGHGは思っていたよりも小さい、という印象をもたれるだろう。しかし、それでも畜産からのGHGを削減するというのは国際的な約束事なので、日本はその削減のための技術開発に取り組んでいる。

●世界中で研究が進む畜産物のGHG削減の取り組み

では、畜産におけるGHGはどのようにして低減することができるのだろうか。さまざまなアプローチがあるが、もっともGHG排出が大きい牛（酪農・肉牛）について採り上げよう。基本的には5つのアプローチがある。

①牛の消化管発酵からのメタンを低減する

飼料に不飽和脂肪酸カルシウムを加えて給餌《きゅうじ》することで、牛のげっぷに含まれるメタン排出を低減するアプローチ。脂肪酸のエネルギーで既存の配合飼料の摂取を減らすことができるため、メタン排出が減るのだと思われる。すでにさまざまな実験が行われており、有効性が確認されている。

②牛の糞尿から出る一酸化二窒素を低減する

牛の排泄物に含まれる窒素を減らすアプローチ。糞や尿からはＣＯ２よりも強力なＧＨＧである一酸化二窒素が排出されるが、この排出を減らすために飼料に含まれるたんぱく質を減らし、不足するアミノ酸を添加する。これによって一酸化二窒素排出が減少することが確認されている。

③そもそもＧＨＧ発生の少ない牛を育種する

これまでは乳量や肉量が多い牛や早く大きくなる牛などを選抜育種してきたが、その育種の目標をＧＨＧ削減に定め、メタン排出量の少ない牛を選抜育種するアプローチ。ただし、万単位の牛に対して、子牛の頃から排出量を測定することになるため、簡単ではないし膨大な時間がかかる。

④バイオガスプラントにおける糞尿の発酵

牛の排泄物（バイオマス）を発酵させたときに出るバイオガスをエネルギー源として発電するプラントを設置するアプローチ。欧米、とくにドイツなどでは導入が進んでいる。設置主体にとってはエネルギーを産出でき、糞尿の有効活用ができる一方、バイオガスプラントがまだ高価なため、日本の畜産主体にとってはハードルが高いのが現状である。

⑤草地飼料生産への堆肥の利用

糞尿を堆肥化し、畑作などの肥料として使用することで、大気中に放出される窒素分を作物へ変換することができ、エネルギーを有効に使用することができる。ただし、現在の日本の畑作農業は化学肥料の使用が主流であり、地域における生産者間での堆肥循環のマネジメントが必要である。

ごらんの①〜⑤はそれぞれ導入への課題もあるが、着実に研究が進んでいるのが①と②である。①の不飽和脂肪酸カルシウムについては、牛のげっぷ内のメタン抑制ということではなく、もともと牛の成長を促進する飼料添加剤として使用されていた。それが、原理的にメタン発生を抑制することができるということが判明したため、現在ではメタン抑制の側面が強調されている。

ただし、メタン排出に効き目があると言われているのは不飽和脂肪酸カルシウムだけではない。オランダの企業であるRoyal DSM社はすでにメタン排出量を最大40％削減する飼料添加物を開発し、販売開始している。また、２０２１年３月にはカリフォルニア大学デービス校とオーストラリアの研究機関であるＣＳＩＲＯが、カギケノリという海藻成分を飼料に０・２％混ぜて給餌することで、メタン放出を最大85％抑制することに成功したと発表し、話題となった。すでにカギケノリの商業的な生産に向けた動きも始まっているという。日本でも北海道大学の小林泰男《こばやしやすお》教授が、カシューナッツ殻からとれる液体を牛に給餌することで牛のメタン排出を80％低減できるという研究をしており、また別の手法の研究も進んでいるという。

●アミノ酸バランス飼料を給餌したホルスタインの肉は美味しいか⁉

このように、GHG低減の取り組みはいま研究機関において積極的に行われているのだが、ここで読者のみなさんが気になるのは「GHG低減技術はわかったけど、それで生産された牛の肉や乳製品は美味《おい》しいの？」ということではないだろうか。じつは筆者は、②のアプローチで生産された牛肉を食べる幸運に恵まれたのでレポートしよう。その前に、②の一酸化二窒素削減のメカニズムについて少し詳しく述べる。

人と同様、牛の餌にはたんぱく質が必須栄養素として含まれているが、実際の畜産ではそのたんぱく質が完全に吸収されることなく一酸化二窒素として排泄されてしまうことが多い。その理由は、胃腸におけるアミノ酸バランスが理想的な環境になっていないからだという。ということは、アミノ酸バランスを改善する餌を与えれば、牛の糞や尿と共に排出される一酸化二窒素の量が減るということになる。これをアミノ酸バランス飼料という。実際、国立研究開発法人農研機構がこの飼料を食べた牛から排泄された糞尿を調査したところ、通常の飼料を食べていた牛と比べ、30％程度のGHGが低減されていたという結果になったそうなのだ。

この農研機構の実験の対象牧場となったのが、乳牛であるホルスタインのオスを肉牛として育て出荷している前田《まえだ》牧場（栃木県大田原《おおたわら》市）。なんということか、この牧場の前田智恵子《ちえこ》さんとは、アメリカに牛肉関連の視察ツアーに参加した際にご一緒した仲である。その前田さんが実験用の牛の肉を「地球にやさしいお肉」として限定販売を行っていた（現在は販売終了）とのことで、「前田さん、あのお肉を食べたいんだけど！」と連絡して送っていただいた。もちろん、対比できるように通常の餌を与えて育てた牛の肉と共に送ってもらった。

一般の飼料を与えている牛の肉より「地球にやさしいお肉」の方がはっきりわかるほど赤身度が高く、霜降りが少ない。一般飼料を与えた牛の肉と共にステーキにして食べ比べたのだが、好みの問題はさておき、やはり通常の飼料で育てた方は霜降りの油脂の強さを感じる。そして「地球にやさしいお肉」の方は、油脂感が弱く、赤身肉が湛《たた》える肉の旨みがドーンと前面に出てくる。個人的には赤身好きなので、断然「地球にやさしいお肉」の方に好印象を持った。ただし、農研機構としては「ＧＨＧ排出低減と食味の関係についてはまだ研究が進んでいない」とのことなので、これはあくまで今回のお肉に対する個人的な所感である。

実際には、ＧＨＧ低減の技術は①〜⑤をすべて複合的に実施していく必要があり、それでも国際的な削減目標を満たすにはギリギリかもしれないという見方がされている。ただし、重要なのはそうした技術で生産された畜産物を購入する消費者がいるかどうかということだ。「環境排出が少ないお肉」は気候変動が深刻化した時代のエシカル商品として人気を博すだろうか。わかりやすい美味しさだけではなく、その背景にも着目して買い物をする消費者の選択にかかっている。

第九章　エシカルな牛肉は存在しうるのか

●長期的に立場が苦しくなる牛肉の世界

牛肉に由来する環境負荷や代替肉の抱える問題について書いてきたが、この話題がこれから盛り上がっていくことは間違いない。すでに欧米では未来のたんぱく源は確実に足りなくなることが確実視されており、その争奪戦の準備段階に入っている。それなのに日本は東京オリパラでインバウンド消費が盛り上がることを期待して生産量が増えた高級和牛肉が行き場を無くし、冷凍倉庫に積み上がってしまった状況が続いている。これに対して国が肉の冷凍保管や物流に対する助成金をつけたことで、本来高級な和牛肉が、驚くような安値でスーパー店頭に出回った。「コロナのおかげで消費者は安く和牛を買えるのでハッピー」という状況にあり、世界的に牛肉市場が混乱している実感が湧きにくいかもしれない。

しかし、コロナ禍が一段落したとしても今後、国レベルで気候変動を抑制するためのアクションを求められるようになるだろうし、またＳＤＧｓに則し、持続可能性やアニマルウェルフェアが畜産業や食品産業に求められるようになることも確実だろう。

端的に言えば、日本の牛肉産業は、多くがそのやり方を修正していく必要に迫られるはずだ。多くの畜産国が、自国で安価に生産できる牧草資源や穀物を飼料として給餌《きゅうじ》する方式を採っている。それが最も効率的なエネルギー収支となり、経済としても廻《まわ》るからだ。一方、日本は歴史的な経緯と耕地面積が小さいという制約から、日本で生産された飼料よりも、海外から輸入した穀物を多給する畜産方式を採ってきた。これは牛も豚も鶏もすべてにおいて同じである。これまでは輸入穀物価格が国内で生産するよりも安かったことで成立してきたスキームだが、穀物の国際価格が今後どうなるか不透明ということを考えると、そろそろ抜本的な転換を計画していく時期ではないかと思う。

なにより、コロナという不足の事態があったとはいえ、本来なら最も価値が高いとされる和牛のA5の肉が余っており、インバウンドや輸出がなくなると途端にだぶついてしまうということ自体が、黒毛和牛のA5を目指して生産するというこれまでのあり方がおかしかったんじゃない？　という疑問にも繋《つな》がる。結果的に日本人はそこを求めているわけではなかった、ということになるからだ。

●日本人が食べてよい牛肉とは何かという問い

実を言うと、ここ5年くらいの間は私自身が「牛肉とどう向き合うべきか」を考える期間だった。というのも、ご存じの方もいるかもしれないが、私は2007年から岩手県の地方特定品種である短角牛《たんかくぎゅう》という牛のオーナーになっている。短角牛は、日本で生産されている肉牛の中では、比較的エシカルなものだと考えている。というのも、日本の肉牛生産では通常、子牛が産まれると数日で母牛から引き離して代用乳を与えて育てる。そこからすぐに牛舎に入れて、早い段階から濃厚飼料と呼ばれる穀物中心の飼料を与える。和牛の取引で価格を左右するのはサシの量であることは知られているが、サシを入れるために肥育期間中にビタミンAを意図的に欠乏させるということをご存じだろうか。ビタ欠とも呼ばれるこの技術によって、昭和の時代には存在し得なかったほどの霜降り量の肉が、現在出回っている。これに対し短角牛は、子牛時代の10ヶ月あまりを母子ともに放牧で育てる。夏山冬里と呼ばれるこの方式では、子牛は母牛のお乳をのみ、牧野に生える青草を食べ、40頭ほどの群れで牛本来の欲求を満たしながら生活する。牧草が枯れる冬になると、子牛は牛舎で肥育段階に入る。黒毛和牛同様に濃厚飼料中心に給餌する農家もいるが、岩手県内の有力産地である久慈《くじ》市山形町《やまがたちょう》、岩泉町《いわいずみちょう》、二戸市《にのへし》では、デントコーンサイレージなどの粗飼料を多給する農家が多い。そうしてできた肉は黒毛和牛の霜降りとはまったく違って、赤身中心でうま味の濃い、ヨーロッパで好まれるような肉質になることが多い。ひょんなことから母牛のオーナーになったこともあって、私はこの短角牛をはじめ、高知県の土佐あかうしなどと関わり、赤身系の牛肉を強く推す立場をとっていた。

そこにＳＤＧｓの波、そして牛のゲップに含まれるメタンが温室効果を促進してしまっているという指摘が来たのである。これは短角牛だけの問題ではなく、黒毛和牛や乳用種も含めた、日本の牛肉全体をエシカルという側面から見直すべきタイミングなのではないか。

日本の牛肉生産で考えるべきエシカル問題として、私は３つのテーマを重要視している。１つは先に書いた環境負荷の問題。２つめはこれも先に書いたアニマルウェルフェア（ＡＷ）の問題。３つめが飼料の問題だ。ＡＷについては本書で主に酪農の状況を観てきたが、もちろん肉牛の世界でもこの問題がある。というよりむしろ、日本の肉牛生産で海外から観て問題視されるのは肉牛の方かもしれない。

飼料についての問題は、肉牛のみならず日本の畜産全体の問題でもある。前章で述べたように、基本的に日本は家畜の飼料について、穀物と粗飼料の双方を海外に依存している。ＧＨＧの排出について計算すると、国内での直接排出だけを算定するため、日本の牛の生産現場から出るＧＨＧは小さいということになったが、海外から飼料を引っ張ってくる一連のライフサイクルが入ってくると、数字は大きく変わってくるだろう。第一、「和牛」と言っている割には、その和牛が摂《と》っているカロリーの大半が海外の飼料でできている事実があるのに、胸を張って世界に「和牛は日本の誇るべき文化」と言えるのだろうか。

こうしたエシカル問題をはらむ日本の肉牛生産は、コロナ禍による需要の減少と飼料の高騰、そしてGHG排出の問題などから変革期にあるといえる。では今後、日本の肉牛生産はどんな方向を目指すべきなのか。今後あるべき牛肉の姿といえるモデルとして、北海道で取り組まれている2つの肉牛生産事例を採り上げたい。

●北の大地で、人よりも国産度の高い飼料を食べて育つ短角牛

先にも書いたが、短角牛は岩手県の南部牛《なんぶうし》にルーツを持つ、赤身主体の和牛品種だ。岩手県をはじめとする東北地方で飼う生産者が多く、そのほとんどの産地で夏は放牧、冬は牛舎という「夏山冬里」と呼ばれる飼い方で生産されている。1年中放牧できればさらによいが、寒さの厳しい東北では秋の終わりから冬にかけて、草が枯れてしまい、雪に閉ざされてしまう。そこで短角牛は牛舎に移り、肥育という身体を太らせる段階に入る。肥育段階では、短角牛といえども輸入配合飼料を与える生産者も一定数いる。

「100%国産飼料を与えた短角牛を食べてみたいものだなあ」と思っていたところ、ある通販会社の担当者から「北海道の十勝に、ほぼ国産100%の餌で育てている牧場があるんですよ。肉質もすごくいいんですよ。そこの牧場の記事を書きませんか？」とオファーがあったのだ。ほぼ国産100%とは素晴らしいが、岩手ではそれができていないので、ちょっ

と悔しくもある。ぜひ観に行きたいということでその仕事を引き受けたのが、帯広《おびひろ》空港から車で1時間半、足寄《あしよろ》町にある北十勝《きたとかち》ファームとの出会いだ。

「いやどうもどうも遠くまでようこそ！」と迎えてくれたのは、ニコニコとまぶしい笑顔の上田金穂《うえだかねほ》さん。お顔だけではなく、名前もとても縁起がよさそうだ。

「うちではだいたい放牧しているのが160頭、肉を造る肥育段階で200頭くらいはいますかねぇ。こいつらに食べさせるために、飼料用のデントコーンを30ha以上作ってます」

デントコーンは私たちがたべるスイートコーンとは違い、畜産の餌用に育てられるでん粉含有量の高いトウモロコシだ。これを生産するための土地を確保しようと思っても、都府県では数ヘクタールがやっとだ。自分の牧場の牛に食べさせる分のデントコーンを自給できる面積があるのは強みだ。

「デントコーンに加えてビート（甜菜《てんさい》）から砂糖を絞った絞り粕《かす》であるビートパルプや麦のフスマ、大豆におからと醤油粕などを与えています。これも全部が国産なんですね。ただ、実は一部栄養補給に与えている餌の原料が、割合は1％にも満たないんですけど、どうしても海外産になる。だから、正確には99％国産と言った方がいいかな」（上田さん）99％にしても、すごいことに変わりはない。

釧路《くしろ》市音別《おんべつ》町にある、海に近い丘を切り拓《ひら》いた牧野に短角牛が放牧されているところに連れて行ってもらうと、50haの広大な空間に、短角牛の母子が点々と草をはんでいる。よくみると猛々しい筋肉のオス牛もいて、彼らは好きなときにメス牛と恋愛をして種をつける。黒毛和牛は100％が人工授精だが、短角牛は恋愛生活。幸せな牛なのだ。生まれた子牛は母子放牧で育ち、10ヶ月ほどすると牛舎に入って、99％国産の飼料を食べて肉牛に育つ。

気になるのはその味だ。国産の割合が高い餌を食べた北十勝ファームの短角牛の肉は、岩手県の短角牛同様に赤身の割合が多く、バラなど霜降りの強い部位をのぞけば立派な赤身がメインの、実にリーンな肉質だ。現在、上田さんが育てた短角牛のお肉は、らでぃっしゅぼーややコープデリ生協といった専門流通団体で購入できるのに加えて、首都圏の有名レストランでも取引されている。麻布十番《あざぶじゅうばん》のイタリアン「プリンチピオ」ではヒレ肉のビステッカがスペシャリテとして提供されている。根岸輝仁《ねぎしてるひと》シェフは「上田さんとこの短角のなかでも、このヒレ肉はとても美味しいので、長いこと使わせていただいています。40日ほど寝かせたのを焼き上げるんですけど、旨みの濃さが他の牛とぜんぜん違うんですよね」という。そのヒレ肉のステーキをいただいて驚いた。ヒレ肉には赤身になりやすい短角牛の中でも部位的にほぼサシが入っておらず、ともすれば淡白に過ぎる味わいになりがちだ。それが、北十勝ファームの短角牛の肉は、噛《か》むほどに豊かな旨みが延々と続くような味わいだった！

日本の畜産は、ほぼ全て海外の輸入飼料に依存している。世界に誇る黒毛和牛というけれども、出荷までに4トン以上の米国産コーンを食べるという。それはサシとなって、見かけ上のご馳走《ちそう》となる。世界中で食料の行方《ゆくえ》がわからなくなっている今、そんな肉をよしとするのはいかがなものだろうか。日本人が食べてよい肉、それはできるだけ国産の餌で育った肉であるはずだ。そしてそれは、とても美味しいのである。ぜひその事実を確認して欲しい。

●オーガニックである上に、食品ロス削減にも寄与するオーガニックビーフ

米や野菜など、農産物の世界ではよく耳にし、生産もされているオーガニック（有機農産物）だが、畜産にもオーガニックが存在することはご存じだろうか。日本のオーガニック農産物の生産全体における割合は0・4％以下だが、オーガニック畜産物の生産はさらに少ない。牛肉については年間で7・4トンの生産量（平成29年度）に過ぎず、同年度の牛肉生産量がおよそ33万トンなので、国産牛肉のうちオーガニックビーフはわずか0・002％ということになる（農林水産省「平成29年度　認証事業者に係る格付実績」より）。

ほんの誤差と言ってもよい頭数しか生産されていない状況だ。

なぜこんなに少ないかというと、オーガニック畜産はとても難易度の高い事業だということに尽きる。なぜ難しいかというと、大きくは餌と素畜《もとちく》の問題だ。オーガニックの牛肉を生産する場合、まず牛に食べさせる餌が基本的に有機栽培されたものでなければならない。有

機農産物は一般品より高いのが普通だということはご存じだろう。有機畜産の家畜に有機の飼料を与えると、飼料代が通常よりも2倍以上のコストになってしまう。また餌の15％未満までは有機でなくともよいとされるのだが、それでも遺伝子組み換えされていないことなどの規制があり、やはり一般の飼料よりは高価になるのだ。

第2に、オーガニックの牛というには、その家畜を産んだ母牛からしてオーガニックの基準で育てられていなければならないのだ。そうなると、生産者はまず2年かけて母牛をオーガニック基準で育て、子牛が産まれてからさらに2・5年くらい育ててようやく出荷できる。その間はずっとコストがかかるばかりで利益が出ない。こうしたこともあり、2021年7月現在でオーガニックの肉牛の生産者は5軒しかいない。

そんな稀少《きしょう》な国産オーガニックビーフの世界で、新しい取り組みがなされている。それが2020年9月に産声を上げた「釧路生まれ、釧路育ちのオーガニックビーフ」だ。オーガニックの飼料を与えるのは大変に高くつく、と先に書いたが、この牛はその点に工夫をしている。たとえば日本で牛の餌といえば、米国から輸入する餌用トウモロコシが主流だが、オーガニックの輸入トウモロコシは通常栽培されたトウモロコシの2～3倍程度の価格となる。もしこれを中心に与えて育てると、それこそ黒毛和牛よりも高く売らねばならなくなってしまうだろう。それはとても現実的ではない。そんな事情もあって、これまでの日本のオーガニックビーフの取り組みは、牧草地のオーガニック認証を取得してそこに放牧をし、またそこで収穫した牧草を餌として与えることで牛を生産し、有機認証を取得してきた。ただしこの方式だとほぼ完全なるグラスフェッドビーフとなり、赤身中心の肉質となる。赤身肉ブームが拡大したこともあって、グラスフェッドビーフへのニーズが高まっているとはいえ、霜降り肉に慣れた日本人には市場性が高いとは言えなかった。

その点、「釧路生まれ、釧路育ちのオーガニックビーフ」はすこし違うアプローチを採る。この取り組みでも主たる餌には有機牧草を、餌全体のカロリー量の5割程度給餌するが、残る5割は日本国内で調達可能なオーガニック飼料、それも食品製造時に生成される未利用資源を牛に与える。それによって、赤身に加えて脂の美味しさも味わうことができる、一挙両得のオーガニックビーフを得ることができるのだ。

「オーガニックの未利用資源」とは具体的にはどのようなものか。例えば埼玉県で有機醤油を製造する弓削多《ゆげた》醤油では、醤油を搾った後に絞り粕が出る。醤油は大豆と小麦からできているので、その粕もたんぱく質含量が高く油脂分も含み、栄養価が高い。そして、有機の醤油を絞って出た絞り粕はオーガニック格付をすることでオーガニックの餌となる。またスーパー店頭に並ぶオーガニックの豆乳を製造する工場からは、オーガニックの大豆粕が出てくる。オーガニックの小麦粉やライ麦粉を扱う製粉業者さんからはさまざまな理由で廃棄するものが出てくるので、これもオーガニックの餌となる。また、ドライフルーツやナッツのオーガニック製品は各国から輸入されているが、国内で選別をするとどうしても傷があったり、形や見た目が悪かったりして商品にならないものが出てくる。それらはレーズンやイチジク、アーモンドやピーカンナッツといった栄養価の高い未利用資源で、これまではお金を払って産業廃棄物として処理していたものだ。実際、このオーガニックビーフの取り組みが始まるまでは、どの企業も粕や規格外品を廃棄していた。しかし、視点を変えればこうしたものは全てオーガニック飼料となりうる。

このスペシャルな餌を全国のオーガニック食品メーカーから集め釧路に送り、きちんとした配合設計をしておいしい肉ができるようにしているのが、愛知県で畜産用飼料の問屋を営む青山商店の青山《あおやま》次郎《じろう》さんだ。

「オーガニックなのに人が利用できない食材というものが存在しています。これをそのまま廃棄するなんてもったいないことです。それを牛や豚、鶏がたべてくれることで、私たち人間にとってありがたいオーガニック食材ができます。そのために、全国からこうした未利用資源を集めていきたいと思っているんです」

実際、私はこの生産現場に足を運び、牛が食べているオーガニック飼料をみせてもらった。驚いたことに、規格外品となっているドライフルーツやナッツ類は、そのまま食べても美味しいものだったし、醤油粕も発酵食品特有のいい香りを放っている。有機豆乳のおからも、腐りやすいのではないかと思っていたものの、匂いを嗅《か》いでみるととても状態がよい。それらを混合して、オーガニック牛たちが餌を食べる畜舎の餌槽に入れていく。すると、牛たちはドドドッと寄ってきて、猛烈な勢いでオーガニック飼料にむしゃぶりついていた。青山さんによれば「ドライフルーツの甘さやナッツの油脂分など、牛にとっても嗜好《しこう》性が高いものなんですよ」とのことだ。

ただし、これらオーガニックの未利用資源は、現状ではオーガニックビーフを最大で年間50頭肥育できる量しか調達できないという。今後、オーガニック食品に取り組むメーカーがこうしたことも視野に副産物を提供してくれれば、もっと飼養可能頭数は増えていくことだろう。いかがだろうか、牛肉はこれから多様性、それもＳＤＧｓ的視点を含んだものが注目される。その１つとして「釧路生まれ、釧路育ちのオーガニックビーフ」を薦めたい。関心があればぜひＷｅｂなどで調べて、公式サイトから購入して味わって欲しい。

●循環型の生産方式で育てた牛の肉こそ、日本人が食べてよい牛肉だ

現在、欧米も含めエシカルの観点から議論されている牛肉に関して、日本の畜産システムが抱える問題と、その問題を乗り越えてエシカルと言える牛肉とは何かということを考察してきた。ここで1冊の本を紹介したい。２０２０年頃、日本で完全菜食主義と呼ばれるヴィーガンに注目が集まった。ただし日本でのそれは「動物性の食品を食べない健康法」や「ちょっと格好いいから月1回はヴィーガンで」というようなファッションとしての理解に留《とど》まっているようにも感じられる、ライトなものだった。しかし本来のヴィーガニズムは、動物の生命を奪うことのない生き方を選択し、他者や社会にも変革を迫るという、強いメッセージをもった運動である。フランスでは急進的なヴィーガンによって食肉店や食肉加工業者への脅迫や、暴力を伴った襲撃が相次ぎ、社会問題となっている。

そんなフランスの動物行動学者でもある哲学者ドミニク・レステルが「肉食の哲学」という本を発表した。内容は「肉食者からの反論」ともいえるものだ。彼が反論の対象とするのはあくまで肉食を悪とする「倫理的ベジタリアン」つまり急進的なヴィーガンであり、宗教的、また体質的に菜食を選ぶ者は除外している。菜食主義の歴史を紐解《ひもと》き整理した後、倫理的ベジタリアンのさまざまな主張に対する反論が展開される。重要な論点は、地球の生態系の中で動物が他の動物を捕食することは自然であり、人もその環の中にいる。それなのに、人だけが動物を捕食しないということは反・自然的な態度であり、それこそが種差別であるというものだ。このレステルの主張については、ヴィーガンの人たちから猛烈な反論が寄せられており、少なくとも私自身でも「正しい、正しくない」と判断しにくい状態だ。

ただし、この本の後半に「おおおっ」と声をあげてしまいそうな展開が待っている。それまで肉食をすることが自然であり、ヴィーガニズムは反自然であるとしていたレステルが、「しかし、現在の工業的な畜産システムは悪である」としているのだ。そして、倫理的な菜食を目指すことよりも、倫理的な肉食を志すことの方が大切だとレステルは言う。狩猟によって生きる北米の先住民の、不要な苦しみを与えずに殺し、また一切無駄にせず利用する生活様式を範にしながら、現在先進国で行われる工業的畜産や食肉ビジネスに対しては見直す必要があるというのだ。つまり「肉を食べていいか悪いかではなく、非倫理的な肉を排して、倫理的な肉を選ぶことが重要だ」と言っているのだ。ヴィーガニズムに対する態度はともかく、この点において私はレステルの考え方に完全に同意する。工業的な畜産と環境やＡＷといった倫理に配慮した畜産は分けて考えるべきなのではないか、ということだ。

その、倫理に配慮した畜産物というのは結局のところは、先に紹介したような放牧を織り交ぜ、飼料にも配慮した畜産物ということに他ならない。それは科学的な観点からも立証されようとしている。北海道の八雲町にある、北里大学八雲牧場をご存じだろうか。ここでは、牧草を中心とした国産飼料１００％で、短角牛とサレール種を掛け合わせた、放牧での粗飼料生産に向いた牛をオーガニック生産している。その生産方式は、放牧中に牛が出す糞や尿が牧草生産の肥料分となる、循環型の肉牛生産システムだ。生産された牛の肉は東都生協などごく限られた販路で出荷されているが、稀少なためすぐに売り切れてしまう人気だ。この北里八雲牛を生産する北里大学の研究室が調査したところ、放牧生産のライフサイクル全体で調査をすると、通常の牛舎で肥育した肉牛と比べ、環境への負荷を有意に低減できるという結果が出たのだ。肉牛生産におけるオーガニック、AWといったエシカル手法は、環境負荷も低減できるということなのである。

もちろん、こうした循環型の生産方式では、生産性自体は低くなることが予想される。「そんな悠長な育て方で、日本人が食べる牛肉を全て生産できるというのか」という疑問もあるだろう。ただ、その疑問は、すでに、前提が間違っている。日本で消費されている牛肉の6割以上が、オーストラリアやアメリカからの輸入肉であり、すでに日本では牛肉の自給はできていない状況なのだ。つまり「日本人が食べるべき牛肉」の生産は最初から、量的に満たされない。であるならば、せめて日本で生産する牛肉は、その生産方式を循環型にしていくことが求められるのではないだろうか。それで生産できる頭数は確かに少ないだろう。しかし、そうしてできた牛肉を、適正な価格で月に2～3回くらい口にするというのが、適度な牛肉の食べ方なのかもしれない。

コラム　ロブ・ハリスンからの手紙③

私はいま、1年で何度かはエシカル消費の問題が雑誌のメインタイトルを飾ることもあるイギリスで、この手紙を書いています。スーパーマーケットでは商品がエシカルに見えるように競い合い、多くの商品にはエシカル・ラベルが貼られています。

世界を見渡してみると、こんなケースはどの国でも起こっているわけでないことが分かります。とは言っても、私はエシカルなものが無かったり、この問題について議論されていない国には行ったことがないのですが。

なぜ国によって違いがあるのかを理解するのは簡単なことではありません。文化的、経済的、そして政治的な違いというものは、しばしば複雑だからです。また、多様な人々を型にはめて分類しないことも大切です。その上で、私が知っていることを話してみましょう。

1．一部の国々で起こるエシカル問題がしばしば拡がる

我々が最初に海外のエシカル消費者について調べ始めたのは1995年ごろでした。

次世代の環境改善のために消費を減らすべきだと考えている。	ブラジル、インド、中国	76%
	イギリス、アメリカ、ドイツ	57%
環境と社会のために良い商品を買う責任があると考えている。	ブラジル、インド、中国	82%
	イギリス、アメリカ、ドイツ	49%
社会的にも環境的にも責任ある企業から商品を買うよう、よく周囲にすすめている。	ブラジル、インド、中国	70%
	イギリス、アメリカ、ドイツ	34%

行動の隔たり―グリーン購買を心掛けている消費者とグリーン購買実践者―2012年Globescanより

一部の国ではイギリスの消費者があまり気にしない問題についてキャンペーンを行っていたことに気づいたからです。例えばドイツでは、遺伝子組み換え食品について消費者の間で意見が交わされ、イタリアでは大企業が租税を回避していることを懸念していました。また北ヨーロッパで高い関心を寄せていた農場の動物愛護（アニマルウェルフェア）は、南ヨーロッパの人々にはそれほど響いていないように見えました。

20年が経ち、これらの問題は皆、ヨーロッパ全土での関心事となっていますが、振り返ると単に一部の国でもともと抱えていた問題が表面化しただけなのかもしれません。解決すべき問題があれば、そこへの気づきがあり、活動が始まるものですから。

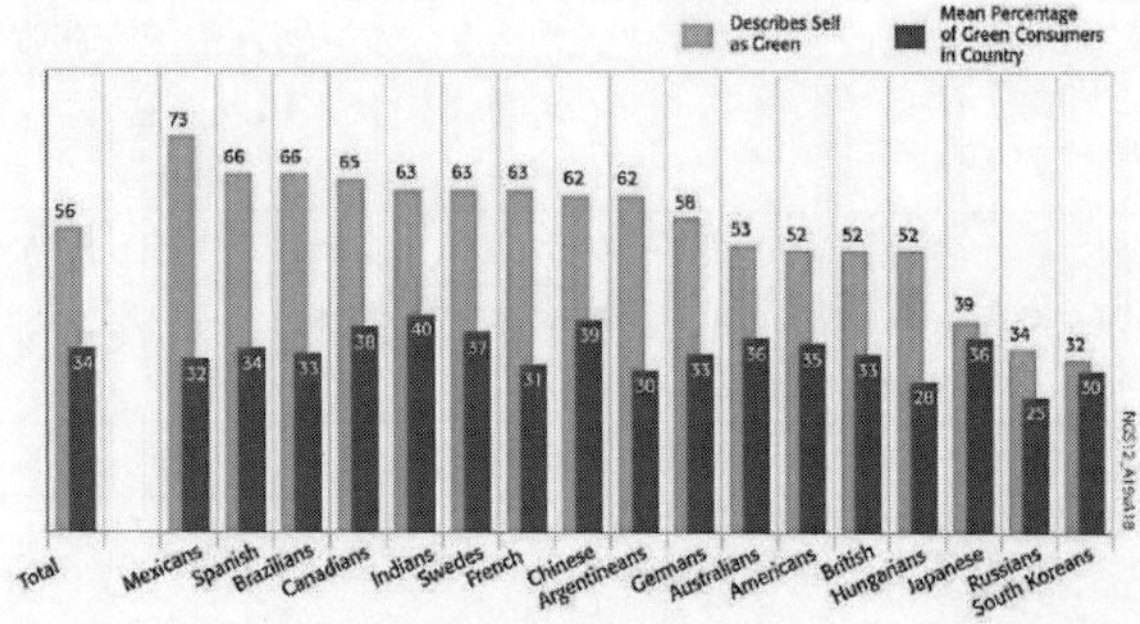

行動の隔たり—グリーン購買を心掛けている消費者とグリーン購買実践者—
2012年Greendexより

2. 驚くことに貧国の消費者もエシカル消費に関心があることが判明

経済学者は、エシカルに選ばれるものは中流階級の消費者のみによって選ばれる「高級品」と考える人が多いです。しかしブラジル、中国、インドの消費者を調査すると、西欧諸国の消費者よりもエシカル問題について熱心なことがわかりました。2012年のGlobescanの調査結果を見てみましょう（前頁）。

3. 実際よりエシカルに見せる国？——日本ではありませんが！

ご存じの通り、調査に協力した人が実際にどんな商品をお店で購入するのか、予測できるわけではありません。上の表の濃い色の棒グラフは、各国で普段環境に良いものを買う人々のパーセンテージを示しています。薄い色の棒グラフは調査で環境に良いものを買っていると思っている人々の数を表しています。

興味深いのは、各国でグリーン購買の実数値は少しずつしか違いが無いものの、グリーン購入をしていると考えている人々の数は国によってずいぶん違うということです。1つの調査から多くの結論を導いてはいけませんが、この調査では日本の人々は他国とくらべて正直者ということがうかがえますね。

4．宗教に影響される肉食の違い

近年、ベジタリアンまたはヴィーガンを自認する人が増えています。その理由は健康管理から動物愛護にいたるまでさまざま。多くの国では人口の2～5％の人々が該当しますが、インドは例外的に30％もの人々が肉を食べません。

インドでベジタリアンの率が高い理由の1つに、ヒンズー教や仏教という宗教による影響があります。また、貧困（倫理上の理由というより）や肉食できる（金銭的）余裕がないことも大き

Estimated retail sales by country

Country	2012 (in €)	2013 (in €)	Growth rate
Australia/NZ	188,045,618	189,244,894	1%
Austria	107,000,000	130,000,000	21%
Belgium	85,837,221	93,209,845	9%
Canada	182,638,667	173,179,745	1%*
Czech Republic	2,744,524	6,439,976	142%*
Denmark	71,836,714	81,080,778	13%
Estonia	1,061,938	1,756,251	65%
Finland	152,263,629	156,785,309	3%
France	345,829,378	354,845,458	3%
Germany	533,062,796	653,958,927	23%
Hong Kong	422,803	825,175	95%
India	-	641,890	n/a
Ireland	174,954,927	197,296,406	13%
Italy	65,435,059	76,355,675	17%
Japan	71,419,147	66,976,524	22%*
Kenya	-	51,064	n/a
Latvia	938,975	975,010	4%
Lithuania	846,027	842,258	0%
Luxembourg	8,319,391	9,628,859	16%
Netherlands	186,100,623	197,142,624	6%
Norway	65,450,834	68,441,095	9%*
South Africa	22,263,619	22,573,605	22%*
South Korea	1,989,631	3,814,805	92%
Spain/Portugal	22,274,635	23,663,783	6%
Sweden	178,951,375	231,668,646	29%
Switzerland	311,590,237	353,206,210	13%
UK	1,804,891,092	2,044,926,208	12%*
USA	53,116,711	909,131,263	501%*
Rest of world	47,487,290	49,657,508	5%
Grand Total	4,786,772,662	5,500,317,789	15%

* Growth rate is based on the percentage increase reported in the local currency, not the value converted into euros.

国ごとの小売売上高の概算

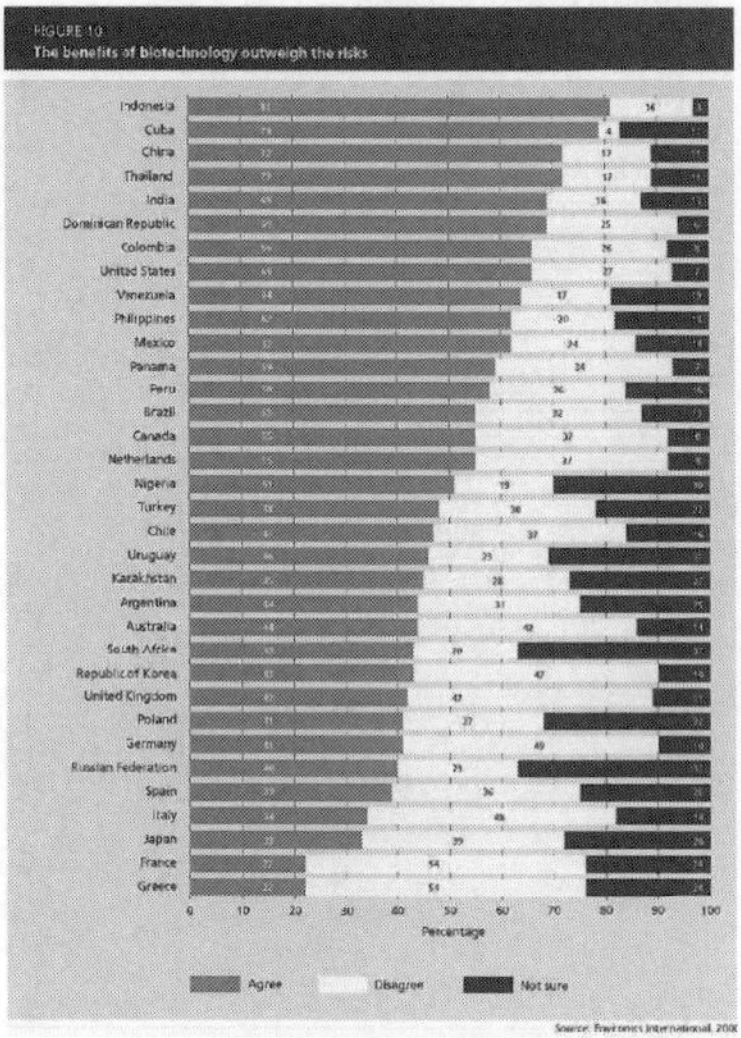

バイオテクノロジーの利益はリスクを上回るか

な理由といえるでしょう。

5. 調査があらわす地域差——興味深い販売レポート

前頁の表はヨーロッパ各国のフェアトレード商品の小売売上高を表したものです。フェアトレード製品の販売が少ない国々では人々がフェアトレードに興味がないと結論づけないことが大切です。製品の供給やキャンペーン・グループの活動など、他の要因も重要になるからです。

6. 遺伝子組み換え食品への考え方の違い

継続可能な消費について、ほとんどの国で消費者は似たような考え方をもちますが、いくつかの問題ではかなり異なる反応がみられます。遺伝子組み換え食品はこの良い例で、多く調査されてきました。もしかしたらより広く理解することで営利的な利害に影

	スウェーデン（%）	イギリス（%）	イタリア（%）	ハンガリー（%）
投票	82	67	85	79
請願	41	40	17	4
エシカル購買	55	32	7	11
不買運動	33	26	8	5

エシカル購買を政治的な行動とみた場合の不買運動と投票および請願書への署名

響するからかもしれません。右の表はバイオテクノロジーに関する幅広い質問とそれらに対する各国のさまざまな反応です。

7．国によって大きく異なる不買運動とエシカル購入活動

この分野はあまり幅広く調査されていませんが、エシカル購入の実施においてヨーロッパ域内でも大きな違いを示すデータがあります。日本の皆さんは文化も政治も極めて似ているとお考えの方がいるかもしれませんね。

上の表は２００２年のＥＵの調査の抜粋です。エシカル購買を政治的な行動としてみた場合の、不買運動と投票および請願書への署名を比較したものです。スウェーデンとイタリアの間ではエシカル購買に大きな違いがみられます。

第十章　日本にもオーガニックは拡がるか

●盛り上がる欧米のオーガニック市場と日本の落差

２０１８年、ドイツのニュルンベルクで開催される世界最大のオーガニックエキスポ「BIOFACH」（ビオファ）に足を運んだ。その際に、ドイツだけではなくスペインのオーガニックがどうなっているのかを視察したのだが、実に興味深いものだった。ヨーロッパおよびＥＵ経済圏と一言でいっても、多くの国が集まってできた所帯であるため、それぞれの経済状況も一枚岩ではない。オーガニックに熱心な国もあればそうでない国もある。ただ、お国柄がまったく違うスペインとドイツでも、オーガニック商品の充実ぶりは驚くものだった。２００２年よりスペイン国内で店舗展開しているオーガニックスーパー「VERITAS（ヴェリタス）」は、いまや50店舗を超える勢いで拡大をし続けている。同社Ｗｅｂサイトによればオーガニック認証製品は４５００アイテム以上で、内４００アイテムは同社のＰＢ商品であるという。筆者は中規模の店舗に入ったが、棚には本当に、オーガニック（ヨーロッパでは一般に〝Ｂｉｏ〟（ビオ）と呼ばれる）の認証マークやそれに準ずるラベルが付された商品ばかりが並んでいる。それも、青果物や加工食品だけではなく、日本では豆腐や納豆などの日配品にあたるチルド食品の棚も、ビオ製品ばかりが並んでいる様子には圧倒された。日本での中小規模、またはこだわり系の高級食品スーパーのアイテム数が4000〜1万程度とされるので、スペインではそれがらくらくと実現しているということになる。

ドイツでは、同国のオーガニックシーンを牽引《けんいん》してきた老舗《しにせ》のオーガニックスーパー「BASIC AG」に足を運んだ。ドイツ・オーストリアに21店舗を展開する同チェーンでは、基本食品のみならずベビーフード、コスメ、アパレル等を含め、なんと取り扱いアイテム数は12000を超えるという。ミュンヘン中心街にあるBASICの中型店で買い物をしたが、ここでも充実した品揃えに驚いた。ヴィーガンが流行しているといっても、やはりスペインもドイツも肉食の国。どちらも畜産物コーナーは充実していた。驚くのはオーガニック畜産物のアイテム数だ。日本でオーガニック認証を取得した畜産物は、牛乳やたまごでちらほらみかけるもののおそらくそれぞれ国内で10アイテム前後しかないと思われる。しかし、スペイン・ドイツでは当たり前のようにたまごや乳製品、牛・豚・鶏肉が並んでいるのだ。

こうした傾向はフランスやイタリア、イギリスなどでも同じで、ヨーロッパの主要国ではオーガニック農産物に畜産物、それらを用いたオーガニック食品へのアクセスが、日本とは比べものにならないほど充実している。

一方で、日本のオーガニックシーンはどうか。令和2年9月に農林水産省が公表した「有機農業をめぐる事情」という資料がある。これをみると、世界の有機農業食品の売り上げは年率6～8％で拡大を続けており、2018年の段階でおよそ11兆6000億円に達したとされている。米国は5兆円超、EUは4兆円程度の市場が創出されており、また中国や韓国といったアジア圏でもその市場規模は拡大が続いている。欧米やアジアの主要国において、オーガニックはすでに巨大市場となっていることがわかる。ひるがえって日本はどうか、ということになるが、これが驚いたことに桁《けた》が違う。それも残念なことに、1桁小さい1850億円（2017年）に留《とど》まっているというのだ。

オーガニックという言葉自体はとても広い意味を包含しているのだが、ご存じのように日本で食品をオーガニックと称する場合、それは有機JAS法の管轄下におかれる。一定の方法で生産され認証された有機農産物や有機食品であって、それを取り扱うための認証を取得した業者が流通・販売するものが有機またはオーガニックと表示して販売することができる。その際に有機JASマークを貼付して販売することが義務化されているので、マークがないものは有機農産物・有機食品と表示してはいけないことになっている。

では、日本における有機農産物の耕地面積はどの程度かというと、これまた驚いたことに全耕地面積の1％にも満たない、たったの0・27％（2020年4月時点・認証済みのほ場面積）である。

「えっ　0・27％？　なんかの間違いではないの？」

と思う人もいるだろうが、間違ってはいない。日本における「認証を受けた」有機農産物の耕地はそれしかない。ただし、その周辺には、認証を受けてはいないものの、それに近いですよと謳うものが多い。食品に「有機農産物」「オーガニック」と表示するには認証を取得しなければならないが、認証にかかる労力とコストが無視できないため、極めて限定的な生産者や流通、メーカーが有機認証を取得し、その生産と流通を行っている。ただし、中には「有機」「オーガニック」の認証じたいは必要がないと考える業者もいて、生産方法は有機に準じるけれどもとくに認証を取得しなくても取引するよ、という場合も多い。そうはいっても、そうした「みなし有機」も含めても0・5％にしかならないとされている。

ともあれ、有機またはオーガニックの市場は、日本ではとても小さい規模に留まっている。いったいなぜなのだろうか。これは私見だが、オーガニックが盛り上がることで恩恵を受けるはずの、日本の生産者や流通、販売に関わる人たちがオーガニックを重視してこなかったからだと思う。一言で表してしまえば、日本はオーガニックに対して冷淡な態度をとり続けてきた。だから盛り上がるわけがないのである。

●有機・オーガニック市場が業界から冷淡に迎えられてきた背景には、その出自に対する思惑があるだろう。日本の問題だ

日本のオーガニック市場が消費者に訴求できていないのが日本の問題だ

日本で有機農業が勃興《ぼっこう》したのは１９７０年代、有吉佐和子《ありよしさわこ》の「複合汚染」が公害や農薬による環境汚染を告発した時と重なる。今でこそ農薬は普通物と呼ばれる毒性の低いものの中心となっているが、当時は毒物・劇物と分類される、強い毒性を持つものが多かった。化学肥料を投入し、化学合成農薬で虫や病害を防除するという農法をよしとしない一部の生産者が、農薬と化学肥料を使用しない農業を模索し始めた。これが有機農業の始まりで、極めて社会問題としての性格が濃い「運動」だった。

当時はいまのように農産物の出荷方法の多様化が進んでおらず、農協の一元出荷が当たり前だったため、有機農業をやろうという存在は徹底的に弾圧された。農薬を使用しないなら虫が湧く、その虫がこちらの畑に入ってくる可能性があるのだから、やめろという話である。この頃、有機農業に取り組んだ人たちは村八分にされるのが当たり前で、とても苦労したという話をよくきいたものだ。

70年代後半から80年代、各種の生協組織や「大地を守る会」といった「専門流通」と呼ばれる、一般の食品ではなく無農薬や無添加といった特徴をもつ食品を届ける流通組織が立ち上がりをみせる。いまとなっては嘘のようだが、当時は物流も現在のように便利になってお

らず、近隣の会員が班を組んで、班ごとに商品が一括して送られ、それを分配するというものだった。そこに後発組織であるらでぃっしゅぼーやが宅配という武器をひっさげて参入し、爆発的に会員数を伸ばしていった。

このように80年代、好景気におされオーガニック市場が盛り上がりを見せる展開となったのだが、このあたりで問題となったのが「ニセ有機」「ニセオーガニック」だ。この頃はまだ各専門流通団体がそれぞれ「有機」「オーガニック」の定義をもっていたくらいで、有機食品の統一的な基準は日本に存在していなかった。それをいいことに、まったく普通の慣行農法で栽培されていたり、また農薬はバンバン使用しているのに「栽培に堆肥を使いました」というだけで有機と称したり、というケースが散見された。

こうした背景から、とうとう国が有機・オーガニックの基準作りに乗り出し、２０００年6月から有機農産物の日本農林規格（ＪＡＳ）が法律として施行された。これによって「なんちゃって有機」「えせオーガニック」が駆逐され、健全化されたオーガニック市場がどんどん盛り上がっていくことが期待された――のだが、実際にはここから日本のオーガニック市場は冷えていく。

先に書いたとおり、「有機」「オーガニック」と表示するには認証を取得しなければならない。生産者が有機認証を取得するには、準備から数えると通常3年程度かかり、ほ場ごとに帳票を作成し生産や出荷の綿密な記録を取る必要がある。認証費用もかかるため、通常の慣行農産物と同程度の価格では割に合わない。また、末端の販売段階で「有機」「オーガニック」と表示するには、その中間段階で流通する業者も、有機認証を取得しなければならない。こうした煩雑さから「もう無理して有機って表示しなくていいんじゃないか？」とあきらめ、有機・オーガニック市場からすこし離れる業者も多かったのだ。

しかし、有機・オーガニック市場が冷え込んだもっとも重要な要因は、消費者と世論のオーガニックに対する無理解だと私は考える。生産者や流通、販売事業者にとって、有機認証の取得は面倒でコストのかかることはあるものの、それがビジネスとして成立するならば喜んで行うものだ。それが浸透しなかったということはすなわち「ビジネスにならない」という判断があったということ。つまり日本では有機・オーガニックと称することで消費者が「それなら買う！」と飛びつくような状況になっていない。

「オーガニック？　なんかよくわからないけどいいものなのかな。でも高いからなあ」というのが一般の声だろう。これを変えなければ日本のオーガニック市場は変わらない。

●日本のオーガニック市場が盛り上がってこなかった本当の理由

実を言うと私は、高校生の頃から有機農家に出入りし、将来は農業関係の仕事で生計を立てる決心をしていた。大学ではキャンパス内に畑を拓《ひら》き、化学肥料や農薬を使用しない有機農法で80種以上の野菜を栽培した（ただし、上手・下手でいえば下手であったが……）。卒業後、シンクタンクで調査・コンサルに携わった際に、有機宅配事業者の仕事を手伝い、畜産関連の情報サービスの提案にも携わった。後に転職し、主に有機・特別栽培農産物の流通に携わってきた。つまりバリバリの有機・オーガニック好きである。その私が常に感じていた違和感が「なぜか日本では、有機・オーガニックを素直によいものと認めたがらない人が多い」ということだ。

他国のことを考えてみるとわかりやすい。欧州や米国では、オーガニック商品はすべて一般品よりも「よいもの」として認知されており、1・5倍以上の価格差があるのが当然と受け止められているし、実際それが売れて数兆円規模の市場となっている。中国や韓国などアジアであっても、慣行農産物に比べれば有機農産物の方が上と位置づけている。ところが、日本では有機・オーガニック製品は「よいものである」ということを謳うことはない。「そんなことはないだろう、現に認証制度があるんだし」と思う人はぜひ農林水産省や日本農林規格協会に「有機認証を受けたものは、慣行品に比べてよいものであると言えるんですよね？」と訊《たず》ねてみるといい。おそらく「有機・オーガニックの認証は、あくまで基準に則った生産方法で作られたことを証明するものです」という回答に留まるはずだ。有機農産物も慣行農産物も、作り方が違うのであって、その価値は特に変わりはない、ということなのだ。実際には有機農業推進法という法律ができたことで、少しずつ「有機・オーガニックはよいもの」と言える状況になりつつあるけれども、依然としてそのあゆみは遅い。また、メディアのとりあげ方をみても「有機農産物が必ずしも安全というわけじゃない」や「オーガニックだから美味《おい》しいという科学的根拠はありません」など、アンチ有機・オーガニックといえる論調の方が主流になっているようにみえる。じっさい、私はある時、公的な研究機関の偉い方と呑《の》んでいる時に、そっと耳打ちされたことがある。「君ね、有機とかオーガニックとかいうアレは、もうやめておきなさい。この国ではそういうことをしていてはいけない」と。この時はぞっとしてしまった。

多くは語りたくないが、日本では有機・オーガニック農業を、農薬や化学肥料を使った慣行農業と同じレベルのものとして位置づけることは許されてこなかった。そうしたバイアスが、日本の有機・オーガニック市場の発展を妨げていたのではないかと、個人的には思っている。ただ、その状況がだんだんと変わりつつあるような気がしている。

●２０５０年までに有機農業の面積の25％拡大を目指す⁉

日本における有機農業は長いこと冷や飯を喰《く》わされてきたというか、国から冷遇されてきた。有機農業推進法という議員立法は成立しているものの、政策的にとくだんに優遇されるわけでもなく、それゆえ日本の有機農業のほ場面積は、全耕地面積中のたった0・27％に留まっている。これは世界各国と比べても低い数字で、有機ほ場面積が大きい地域であるＥＵではイタリアが15・4（２０１７年度、以下同）％、スペインが８・９％、ドイツが８・２％というように軒並み高い。対して北米は０・６％、中国は０・６％とＥＵに遅れはとっているものの、日本よりは大きい。日本は世界的に見てオーガニックの後進国だったとも言える。

その状況が変わるかもしれないと、にわかに農業・畜産業界がざわめきだしている。その発端が、農林水産省が２０２１年5月にとつぜん発表した「みどりの食料システム戦略」（以下、「みどりの戦略」）だ。みどりの戦略は、環境やＳＤＧｓに配慮した持続可能な食料・農林水産業の構築を目標としたものだ。農林水産省のＷｅｂサイトによれば、今回の策定の背景については「ＳＤＧｓや環境を重視する国内外の動きが加速していくと見込まれる中、我が国の食料・農林水産業においてもこれらに的確に対応し、持続可能な食料システムを構築することが急務となっています」と説明されている。近年の環境問題の悪化による豪雨や台風災害等が農林水産業に大きなダメージを与えているとし、これを解決するための持続的な食料供給のための戦略として有機農業を推進するとされているのだ。そこで謳われていることはいろいろあるのだが、最も重要なポイントが下記だ。

２０５０年までに、

①農林水産業からのＣＯ２排出量ゼロを実現する
②リスク換算で化学合成農薬の使用量を50％低減する
③有機農業の取組面積を耕地面積の25％に拡大する

これをみて、特に③について農業関係者の多くが「ええええっ25％!?」と目を剝《む》いたことはなんとなく想像できるだろう。日本の有機農業が市民運動的に始まったのは１９７０年代からだが、50年経って０・27％にしかなっていない有機農業の耕地面積（認証を受けたほ場の面積）を、あと28年で25％に拡大するなんて、できるものだろうか。

もちろん①と②についても同様の反応だ。日本の農林水産業から排出されるＧＨＧは、年によって変わるもののおよそ５０００万トン程度で、総排出の３・９％である（２０１９年度）。世界の農林業での平均が23％なのでそれほど高くはないのだが、その中身を見ると驚くことがある。よく「牛のゲップが温暖化を促進する」と言われるが、日本においてはそれよりもコメ、つまり稲作の田んぼから発生するメタンが大きく、およそ25％を占めている。

ただでさえ食料自給率の低い日本が依存しているのがコメであり、そのコメ生産がＧＨＧの大きな発生源であるというのはなかなかに大変な問題だ。これをゼロにするというが、どうやって実現するのか。

②の化学合成農薬の使用量を半減させるというのも、なかなかに衝撃的な内容だ。化学合成農薬を基本的に使用しない有機農業がヨーロッパで成立するのは、温暖で比較的雨の少ない気候がそれに向くからだ。日本は高温多湿で、害虫や病原菌の発生率がヨーロッパとは比べものにならないほど多く、農薬で防除や土壌消毒をしなければろくに作物が穫《と》れないと言われ、農薬と化学肥料の使用をベースとする慣行農法が普及してきた。それを半減するというのはなかなかに大変なことだ。ただし、これは「リスク換算で」と書いているところがポイント。化学合成農薬の「使用量を半減する」と書いているわけではないので、毒性や環境への影響を総合的に見たリスクで判断しての50％減である。従って農林水産省は、リスクが低い農薬を新規開発したり、なんらかの代替的な農薬ソリューションによって実現しようとしているとみられる。

ということで、みどりの戦略における主要ポイントが３つあるわけだが、どれも実現に至る方法がまだみえにくい。しかも、肝心要《かなめ》となる現在の有機農業の担い手にとってもそう見えているらしく、これまで有機農業を推進してきたグループや生産者からも疑問の声が上がっている状況だ。

●ＥＵの後を追おうとする日本と生産性の面から有機を否定するアメリカ

なぜいきなりこのような「戦略」が発布されたのか。実はこの戦略が発表された２０２１年５月というのが、事情を読み解くポイントだ。２０２１年は食料生産における気候変動問題を議論するための重要な国際会議が開催された年で、９月には国連食料システムサミットがアメリカで開催。各国首脳が集まって食料システムのあり方について議論がなされた。そして10～11月にはイギリスでＣＯＰ26（国連気候変動枠組条約）が開催。地球温暖化による気候変動を回避するために、今後10年間の取り組みを議論し合意を得る会議が開催された。

どちらも大きなテーマが持続可能性と気候変動問題への対応だ。今後も世界の人口増加は止まらず、食料増産が必要となる。一方で環境問題の悪化と食料生産の問題は表裏一体で、今後は環境と調和した農林水産業を営まなければ、温暖化がますます進行してしまう。そうした問題について「待ったなし」の状況となっているという認識だ。みどりの戦略はそうした重要な会議が開催される「直前」といっていいタイミングで発表された。つまり、これらの会議で日本側が「うちもちゃんと取り組んでいますよ！」というために打ち上げたのだろう、と多くの関係者がみている。

ちなみに、みどりの戦略は明らかに「お手本」がある。それはＥＵが、ちょうど「みどりの戦略」の1年前となる２０２０年5月に発表したファーム・トゥ・フォーク戦略だ。有機農業の推進を核としながら、２０５０年までのＧＨＧ排出の実質ゼロを目指す欧州グリーンディールの実現を食料システムの面でサポートすることが期待されている。実はこの戦略の中に登場するのが「農薬の使用とそのリスクを50％削減」や「有機農業の耕地面積を最低でも25％まで増加」という数字なのだ。みどりの戦略の数字目標の多くが、ＥＵにならっているのである。

ただし、先にも述べたように日本はＥＵに比べ高温多湿で、有機農業を営むのに適した環境とはいえない。それなのにＥＵ並みの目標値を設定するのは、チャレンジングといえば聞こえはいいが、無謀ともいえる。というのも、当のＥＵ内でも「ファーム・トゥ・フォーク戦略はやり過ぎだ」という批判が出てきているのだ。たとえばＥＵ最大の農業者団体であるCopa-Cogeca（コパ・コジェカ）は、農薬使用量の削減には批判的だと報道されており、数値目標の改変のためのロビー活動を行っているとされる。コパ・コジェカが批判する理由は単に農薬削減量の問題だけではなく、生産者に対する補助金のあり方など複合的な問題が絡んでいるのだが、そもそも有機農業のポテンシャルを疑問視する声もある。一般に、化学合成農薬と化学肥料を使用する慣行農法に比べ有機農業は生産性が3割程度は低くなるといわれている。有機農業を推進する場合、ＥＵ圏内の食料生産が３割減となり、食料の価格が上昇してしまうではないか、という声が各所から上がっているのだ。ヨーロッパの穀物貿易の業界団体であるCoceralの推計によれば、化学肥料や農薬の使用量が削減されると小麦の生産高は現在の年間１億２８００万トンから２０３０年には１億９００万トンまで落ち込むとされる。またアメリカ農務省も２０２０年11月のレポートで、ファーム・トゥ・フォーク戦略を実施するとＥＵの農業生産高は現在に比べて12％減少し、食料価格は17％上昇すると予測している。ちなみにアメリカはＥＵのような有機農業拡大路線はとっていない。

みどりの戦略がＥＵにならうものならば、これらの議論もそのまま継承することになってしまう。さて日本の有機農業はどうなるのだろうか。

●生産性を向上することで気候変動とのバランスをとりたいアメリカ

ＥＵとは違うアプローチを採るのがアメリカだ。アメリカの主張はＥＵとは対照的で、簡単にいえば既存の食料消費のあり方は基本的に変えずに、生産性を最大限高めていこうという方針を示している。バイオテクノロジーを駆使して収量が上がる品種開発をしたり、生産に必要なエネルギー量を減らす技術を開発したりすることで、現在の生産水準を維持するというものだ。気候変動への対応のために現在の農業スタイルを変革しようというＥＵに比べて、現状を維持しながら技術の力で気候変動要因を減らしていけばいいんでしょ、という姿勢とも言える。このアメリカの姿勢からは、現在同国が保持している農産物の巨大な市場を維持したいという意図が見えてくる。ＥＵ型の食料システムが世界に広がると、有機農産物以外の農産物が排除され、アメリカ産の農産物はマーケットを失ってしまう可能性がある。そうしたことに対する牽制《けんせい》ともいえるだろう。

また「食料主権」と呼ばれる概念の広がりに対する警戒もあるのだろう。食料主権とは、食料システムがグローバルな大企業ではなく、ローカルな生産者や消費者自身によってコントロールされるべきという考え方だ。現在アメリカが農産物を輸出している国々で食料主権が重視され始めると、米国産農産物はその国の市場から締め出されてしまう可能性がある。たとえばアメリカの隣国であるメキシコでは近年、「コーン無くして国はない」という運動が広まっている。ご存じの通りメキシコはトルティーヤなど、トウモロコシを主食とする国で、その最大の貿易相手国がアメリカだ。言ってみればメキシコは、その主食をアメリカに依存してきたということになる。そんな状況下で２０１８年に大統領に就任したオブラドール氏は、食料主権の奪還を意識したのだろう、伝統的なトウモロコシの国内での生産保護を重視し、なんと遺伝子組み換えトウモロコシの流通と、トウモロコシ栽培で使われるグリホサートという農薬の使用を２０２４年までに禁止するという方針を打ち出した。これは事実上、アメリカで生産されているトウモロコシをターゲットにしたものだとみられている。こんな動きが出ているので、アメリカも「これはヤバイ！」となったのだろう、生産性を重視した食料システムを推進する連合を各国によびかけ、２０２１年11月時点でオーストラリア、ブラジル、フィリピンなど14ヵ国と連携しようとしている。

ここまで読んで「あれ？　有機農業の振興や生産性向上は、あくまで気候変動への対応のためだったよね？　なんか、食料輸出をめぐる紛争みたいになってきたなぁ」と思う方がいるかもしれない。それ、ドンピシャです。ＥＵの有機農業振興は、気候変動のためという目的ももちろんあるが、それだけではなく輸入障壁としても機能する。遺伝子組み換え禁止やアニマルウェルフェアの遵守《じゅんしゅ》も同じだ。つまり超大国間の貿易紛争の影響がここにもでてきているということなのだ。気候変動はもちろん最重要課題ではあるが、それ以外の経済的な要因もみていかなければ、こうした情勢を見誤るかもしれない。

●日本らしく〝技術〟で問題解決をはかるみどりの戦略

さて、重要なのはあくまで、日本はどうする⁉　ということだ。日本の農業界や農薬・肥料の業界ではすでに、みどりの戦略について激しい議論がかわされている。やはりよく目につくのは、有機農業を推進することで収量が下がるということ。比較的乾燥した気候のヨーロッパと違って、日本はアジア・モンスーン型と言われる、高温多湿で雨や台風が多い気候だ。高温多湿ということは病害虫も多いため、化学合成農薬の使用を半減（リスク換算）させるとなると、収量の低下は免れない。

これに対し農林水産省はどう考えているのか。みどりの戦略をみると、ＥＵやアメリカともまた違う、想像の斜め上を行く戦略が描かれている。ひとことでいえば、〝日本らしく、技術で生産性の問題をカバーするぜ！〟というものだ。たとえば気候変動に適応できるように、イネや果樹（リンゴやブドウ、ミカンなど）に関しては、温暖化に対応して高温でも品質がよい新品種を育成する。それを可能にするため、スマート育種システムなる、ＡＩなどを駆使した育種開発を進めていくという。また、遺伝子組み換えに代わる技術として注目されるゲノム編集によって新品種を開発するということも語られている。また、労働力不足に対応するため、ロボットやドローンを積極的に投入する。重労働をサポートするためのアシストスーツや、リモコンで動く草刈り機などが例示されている。また農薬使用量の削減を実現する技術として、ドローンによるピンポイント散布が事例として説明されている。

さすがは技術立国日本という感じで、なかなかに興味深いビジョンではある。先般、世界各国の代表が集まり農業政策に関して意見交換を行う国際会議が開催され、私の会社の部下が夜中にそのオンライン配信をリアルタイムで観ていたのだが、ヨーロッパの国々が有機農業や環境保全型農業の意義や理念について熱く語っている中、日本の農林水産省の代表は「日本はスマート農業やドローンで、生産性を高めた農業を展開します」というプレゼンをしていたそうだ。もちろん周りはシラーッとしていたそうだが、なんとなく理解できる。

正直なところ、AIやスマート農業、IoT技術などを駆使することで、果たして冒頭のみどりの戦略の要点①〜③が実現できるのかについては、難しいんじゃないかなあという印象だ。ただしそれは技術のアプローチが必要ないということではない。むしろその逆で、今後の日本は少子高齢化で、農業従事者もどんどん減っていく。そんな中で生産を一定以上継続するためには、ある程度の農業無人化技術は必須だし、ドローン活用で手間が削減できるならドンドンやるべきだと思う。また、EUとの気候の違いに悩むのは日本だけではなくアジア全域であるので、日本で有用な技術は、中国や東南アジアでも使える可能性がある。そういった意味では、みどりの戦略はEUを追いかけているようにみえて、実は日本オリジナルの要素がいっぱいに詰まったものなのかもしれない。

●有機農業の拡大よりも、いかにしてオーガニック農産物を売るかが重要だ

みどりの戦略は、農業に由来する気候変動への影響を低減するためにはオーガニック農業の推進が有効だと位置づけ、これを推進していこうというものだ。その目指す目標値はとて

つもなくハードルの高いものになっているわけだが、オーガニック食品によい印象を持っている消費者も一定数いるので、そうした消費者側から観ればこの戦略はおおいに歓迎できるものだ。しかし、オーガニック農産物は通常の生産方式で造られた、いわゆる慣行農産物に比べると1・5倍から2倍の価格差となるのが普通だ。そうした高価なオーガニック農産物を日本の消費者は受け入れ、みどりの戦略を支持して購買してくれるのだろうか。

農水省はオーガニック食品の今後の市場規模について、どのような見通しを立てているのだろうか。農水省は「有機農業の推進に関する基本的な方針」というものを数年おきに公表している。最新版は2020年4月のもので、これを見ると国内のオーガニック食品の需要は2017年時点で1850億円あり、これが2030年には3280億円にまで成長すると見込まれている。単純計算で、2030年には2017年比で1・8倍ほどに市場が拡大するという見通しだ。しかし、先に指摘したように、みどりの戦略では、かなり高いオーガニック農業の目標を設定している。耕地面積に関しては現在1%に満たないものを2050年には25%にするといっている。2030年の段階では25%には達していないとしても、少なくとも6～7%くらいには拡大していないとおかしい。ということは、単純に言って現状の6～7倍の市場規模になっていなければおかしいのではないだろうか。もし、市場のキャパシティを大きく上回るほどのオーガニック農産物が生産された場合、需要を上回る供給量となることで価格が大きく下がり、生産者はそっぽを向いてしまうだろう。

では、みどりの戦略ではどのような需要喚起策が盛り込まれているのだろうか。戦略には「外見重視の見直しなど、持続性を重視した消費や輸出の拡大、有機食品、地産地消等を推進する」とあり、オーガニック食品の市場拡大に努める方針は示されている。しかしこれらは抜本的な策にはみえない。みどりの戦略の資料には「国産有機サポーターズ」（以下、サポーターズ）という、事業者によるオーガニック食品の消費拡大のためのプラットフォームの活用が例示されている。サポーターズは小売業者や飲食サービス事業者が想定されており、店頭でのオーガニック食品の取り扱いをし、消費者へわかりやすい情報発信を行い、サポーターであることの情報発信をし、取り組みの機会を活用するものとされている。すでに令和4年1月20日時点で88社が参画しているという。なるほど、小売や外食など、消費者に相対する事業者とパートナーシップを結んで、オーガニック食品の需要を喚起していこうとしているわけだ。ただ、これがなにかめざましい需要喚起につながるのだろうか、いささか心もとないと思うのは私だけではないだろう。

じつを言うと、オーガニック食品の需要拡大については、オーガニック先進地域であるEUも苦労している。みどりの戦略のお手本となったEUのファーム・トゥ・フォーク戦略では、2030年までに耕地面積に占める有機農業の割合を25％にすることが掲げられ、この目標達成に向けて、2021年3月に「オーガニック・アクション・プラン」という有機農業施策の骨子がまとめられた。ここでもオーガニック農産物に対する需要の促進が目標達成のカギとして位置付けられており、需要喚起はEUでも最重要課題となっている。そこで注目されているのが、学校給食などの公共セクターでのオーガニック農産物の調達を糸口に、需要を拡大させる方針だ。国の規模が比較的小さいエストニアやスロバキアは、学校給食用の食材として積極的にオーガニックを使う方針をすでに示している。学校給食を無償化しているフィンランドも同様の方針を採るとされている。つまり、消費者が好き勝手に欲しいものを購入する自由市場ではなく、公共セクターという「少し官の影響も及ぶ」組織での食に、オーガニックを投入していこうということだ。次代を担う子供たちに食べさせる食事にオーガニック農産物をということなら、誰もが「いいことだ」と肯定してくれるという面もある。

日本でも千葉県いすみ市などが、学校給食でオーガニック農産物を使用する取り組みを拡大している。また、日本には環境に配慮した物品を国などの公的機関が率先して調達することを定め、社会全体の需要のあり方の転換を目指すグリーン購入法という法律もある。このグリーン購入法で食材の分野は今のところ対象外だが、みどりの戦略への力の入れようによっては、なんらかの法制化がなされてもおかしくはない。日本でもオーガニック食品の需要拡大に向けた取り組みは学校給食や公共機関から拡がるのかもしれない、いや、拡がって欲しい。農林水産省には、こうした取り組みに積極的にリソースを投入して欲しいと思う。

●オーガニック食品の市場拡大をリードするのは消費者だ

学校給食や公共機関などの食事機会からオーガニック化を推進していこう、というのもよいのだが、それはいささか本筋から外れる普及方法ともいえる。本来は、消費者がスーパーや外食店などでオーガニックを選ぶことで市場が拡大していくことが望ましい。

「いやいや、EUだって市場拡大が大変って言ってるんでしょ。日本では無理だよ」という声が聞こえてきそうだ。たしかに小売・外食にとってオーガニック食品の積極的な展開はこれまで難しいものだっただろう。まず価格が高いということはもちろん、産地も流通ルートも限られるため、安定した集荷がしにくいということもある。ただ、そんなマイナス面を払拭《ふっしょく》できるほど、消費者のオーガニックへの期待は大きい。

農水省が定期的に消費者の意向調査をしているのだが、令和元年度の「有機食品等の消費状況に関する意向調査」をみると、オーガニック食品を飲食している頻度は「月に1回未満」（34％）、「月に2〜3回程度」（18・4％）が多く、まだまだオーガニックが行き渡っていない状況がみてとれる。一方、オーガニック食品を初めて飲食したきっかけについては「自分や家族が病気にならないため」（22・6％）が一番高く、次いで「広告やメニュー等を見て興味を持ったため」（20・3％）となっている。この結果を見るに、コロナ禍以降、多くの消費者が健康に気を遣うようになったなかで、オーガニック食品に対して「身体《からだ》によいもの」というイメージを持っているということであり、また宣伝しさえすれば20％程度の消費者が「食べてみようかな」と思ってくれるということだと解釈できるように思う。「そんな理想的な話が現実になるわけがない」と思われるかもしれないが……私は、そうでもないかもしれない、と思っている。

２０１６年から開催されているオーガニックライフスタイルエキスポというイベントをご存じだろうか。私もアニマルウェルフェア関連のセミナーのコーディネーターを務めるなどしてきたが、このイベントが実に興味深い。２０１７年度に開催された第2回の際は、3日間の入場客は合計で2万２９９２名。初日は小売店や流通のバイヤーを対象にした商談会形式で、そこにも７００名近くの入場があった。残る2日に、一般消費者やプロシューマー層が、2万人以上も来場したわけである。２０２０年、２０２１年の開催はコロナということもあり規模縮小を余儀なくされたが、それ以前の段階でそれだけの集客があったというのはなかなかである。

その会場で私が驚いたのは、とにかく女性の来場客が多かったことだ。従来、有機・オーガニックのイベントには、もちろん女性もいるけれども、出展する生産者や企業側は年齢層の高い男性が中心であった。それがこのイベントでは、出展側も来場客側も女性の方が多いといえる状況だったのである。それはなぜか。このエキスポは、それまでの「食」中心ではなく、オーガニックコスメやアパレルといった、そのイベント名の通りライフスタイル全般に関する商品展示の場だったのである。会場の中心にはオーガニックコスメの通りがドカンと位置していて、女性を中心に大賑わいであった。また、アパレル関連企業もオーガニックコットンをはじめとした商品群を展示しており、多くの人を集めていた。食関連はというと、どちらかといえば奥まったところにブースを出展しており、もちろん多くの人を集めてはいるものの、決してそれが主役という感じではなく、ライフスタイルの中の一部という打ち出し方とみることができたのだ。

日本における有機・オーガニックの歴史は、野菜や米、畜産など第一次産業におけるオルタナティブを模索するイデオロギー問題として展開してきた。それは決して、心地よい展開ではなかった。そこからどうやら時代は変わったように見える。いまや日本の有機・オーガニックの主戦場は野菜や米から、コスメ・アパレル業界に比重を移しつつあるのではないだろうか。これは、ある意味では自然な流れである。

アメリカのオーガニックスーパーの雄ともいえるホールフーズマーケットでは、きらびやかな有機野菜や果物が店頭にきれいにディスプレイされてはいるけれども、じつは売上比率でいえばそれら農産物はあまり貢献度が高いものではない。実際にホールフーズを成り立たせているのは、調理済み食品つまりデリカと健康・美容関連製品である。生鮮品は来店客に店の勢いをみせるために効果的に使えるけれども、もはや利益の源泉とはなっていないのだ。

日本の有機・オーガニック市場は、１９７０年代から食、それも第一次産業を舞台にそのイデオロギー闘争を繰り広げてきたわけだが、２０１０年以降は明らかに様相が変わってきた。それは、食以外の分野でのオーガニックの波が起きてきたということだ。そして、食のオーガニックに対するアパレルやコスメのオーガニックの最大の違いは、買手となる消費者に「オーガニックはよりよいもの」という感覚が共有されているということだと思う。その感覚は決して科学的根拠の上に成り立つようなものではなくて、もっと軽快に「いいじゃん、オーガニック！」と言い切ってしまうようなものであるように感じる。私はこの動きをとても好ましく思っている。有機農業が慣行農業と比べて優れているか否か、農薬を使うことが悪か善か、といった二元論の世界から解き放たれた、明るさを感じるのだ。みどりの戦略が今後どうなるかはわからない。ただ、日本には、もうちょっとオーガニックが拡がってもいいように思う。その原動力となる未来の消費者に期待したいと思う。

●エシカルウォッシュに気をつけろ

ここまでさまざまなエシカルフードに関する話題を提供してきたが、ＳＤＧｓが叫ばれるようになり、いろんな場所で「環境に優しい」「サステナブルな」「いきものに配慮した」といったエシカルワードに触れる機会が多くなってきた。数年前まではそんなことを言ってこなかった企業がにわかに「ＳＤＧｓをリードする」なんてちゃっかり言い出している、というのをみたことがあるのではないか。そんな状況下で考慮しなければならないのが「エシカルウォッシュ」または「ＳＤＧｓウォッシュ」である。どちらもわかりにくいかもしれないが、その語源は「ホワイトウォッシュ（Whitewash）」にある。この言葉には、壁に塗るしっくいの意味もあるが、もうひとつ「ごまかす」という意味がある。この言葉をもじって欧米の環境保護団体が、環境に好ましくない商品またはサービスであるのに表示や説明で「環境にいいんです」とみせかける行為のことを「グリーンウォッシュ（Greenwash）」と言うようになったのだ。当初は環境問題に関するウォッシュが蔓延《まんえん》していたため、もっぱらグリーンウォッシュという言葉が使われていたが、時代が進むとエシカル問題は環境のみならず、人権・労働問題やフェアトレード、ＡＷなどに拡がってきた。そこで今日では、広範なエシカル問題に対してあたかも「エシカルに配慮していますよ」と見せかける行為をエシカルウォッシュといい、また表面上はＳＤＧｓに則した行動をしていると見せかける行為をＳＤＧｓ

ウォッシュと呼ぶようにもなっているわけだ。

ただし、日本ではＳＤＧｓやエシカル問題への関心が高まっているものの、その歴史は比較的浅いため、消費者が「これはウォッシュではないか？」と疑問を持ち、商品やサービスの裏にある虚偽を見抜けるようになるのに必要な経験値が足りないかもしれない。そもそもどうやってある商品やサービスがウォッシュであると見抜けるのか。

じつはグリーンウォッシュに関しては、きちんとガイドラインがある。国産標準化機構によって定められた環境表示のガイドラインであるISO14021という標準があり、これに則していないものはグリーンウォッシュだということになるのだ。のみならず欧米では、政府や業界団体、広告代理店などがガイドラインを作ることで、不正な環境表示を規制する仕組みが構築されている。日本でも同様の動きはあって、２０１０年、広告代理店の親玉ともいえる電通が、グリーンウォッシュガイドなる文書を公表している。最近の話では、経済産業省が「国際的な気候変動イニシアティブへの対応に関するガイダンス」を公表している。このガイダンス公表の目的に「温暖化対策や再エネ活用に熱心に取り組んでいる日本企業がグローバルな投資家等から適切な評価を受ける」ことが期待されると書かれている。「持続性に配慮した投資家から投資を受けたいなら、ここに書いていることを守ってね」ということだ。ただ、こうしたガイドラインがすべての分野で充実しているという状況には、まだ遠い。

エシカル消費やSDGsへの関心が高まり、企業が関連ワードを広告などで使うことが「売上につながる」と思えば思うほど、ウォッシュに手を染めてしまいがちだ。「持続性に配慮した水産物を売り出しました」と高らかに宣言しているものの、9割以上がそうした配慮とは無縁の商品ばかり並んでいる売場や、「生産者を大切にしています」といいつつ、末端の仕入先を買い叩《たた》いているような流通は実際に多く存在する。そうしたエシカルウォッシュを根絶するためには、やはり消費者が声をあげることが重要だ。「これはエシカルです」「SDGsに取り組んでます」という人たちに出会ったら、ぜひ「話を詳しく聞かせて下さい」と耳を傾けてみるといいだろう。そして、少しでもわからないことがあれば素朴な疑問をぶつけて欲しい。そうした地道なことの積み重ねが、ウォッシュを見抜く目を育てることにつながるはずだ。

●エシカル消費を推進するための社会的な仕組みが必要だ

ここ数年の間で、食品に限らず、エシカルな商品やサービス、それらを積極的に購入し使っていこうという気運は間違いなく高まっているように感じる。とはいえ、エシカルウォッシュの問題でも触れたように、まだまだ日本では「何がエシカルなのか？」「この商品・サービスのエシカル度合いはどれほどのものなのか？」といったことに関する知見が社会全体に共有化されているとは言いにくい状況だ。第一部第四章に書いたように、イギリスにはエシカル問題を社会に提起して、問題解決の枠組みを作ろうとするキャンペイナーという人たちがいる。キャンペイナーが提起した問題をメディアが拾って拡散し、消費者が不買運動や抗議活動をすることで、問題を起こした企業などは態度を改め、社会全体がエシカル問題の解決方法を模索する。そのような社会的な仕組みが存在しているように感じられた。

ひるがえって日本には、残念ながらそうした仕組みが存在していないように思う。まず、イギリスで言うキャンペイナーが存在しにくいのが日本社会だ。もちろん日本にもエシカル問題を提起する活動家や市民組織、ＮＰＯ組織といった存在があるが、イギリスと比べるとかなり冷遇されていると感じる。というのも、イギリスのキャンペイナー組織は、キャンペーンを行うだけで食べていけるのだ。イギリスにはチャリティ団体という組織があり、企業はチャリティへ寄付をすると税金の控除ができる。そうして集まったお金を原資に、チャリティはさまざまなテーマでの事業を公募する。そこに応募するのがＮＰＯ団体やキャンペイナー組織だ。たとえば「都市空間に住民参加型の菜園を作る事業」や「持続的な水産物をレストランに普及するキャンペーン」などの企画書を提出する。もちろん厳正な審査があるわけだが、通れば人件費はもちろん、そのキャンペーンを行うための費用の多くがまかなわれる金額の予算が提供される。私がイギリスで調査したキャンペイナー団体は、その活動予算の9割がチャリティ団体からの資金提供で成り立っていた。残念ながら日本にはそんな風にキャンペイナーが存立できるような仕組みは存在していないのだ。これが、日本でエシカル問題があまりドカンと爆発してこなかった理由の1つかもしれない。

そんな中で、日本でもエシカル消費をドライブさせる枠組みともいえるものが登場しつつある。1つは、一般社団法人日本エシカル推進協議会という組織だ。２０１４年に発足した同協議会には、エシカルに関連したＮＰＯ団体や企業が参加している。またさまざまな分野の企業、それも大手から中堅に至るまで多くの企業のＣＳＲ担当者または環境関連部署の担当者が会員として名を連ね、情報交換をしている。とりわけ同協議会が行った注目すべき活動に、２０２１年10月、日本初となるエシカルについての総合的な基準となる「ＪＥＩエシカル基準」を作成、発表したことが挙げられるだろう。エシカル基準では、環境や人権、動物といった8つの分野についてそれぞれ4～7の課題を設け、計43項目の基準を構築している。多くの項目が、それに関わりの深い企業や団体、専門家によって吟味されて基準化されているので、完成度の高い基準となっている。基準は誰でも同協議会のＷｅｂサイトからダウンロードできるので、ぜひ一読してもらいたい。いま世界で議論されているテーマがほぼ網羅されているといってよい内容となっている。

もう1つ、私も関わっている動きを紹介しよう。Ｔポイントで知られるＴカードをご存じ

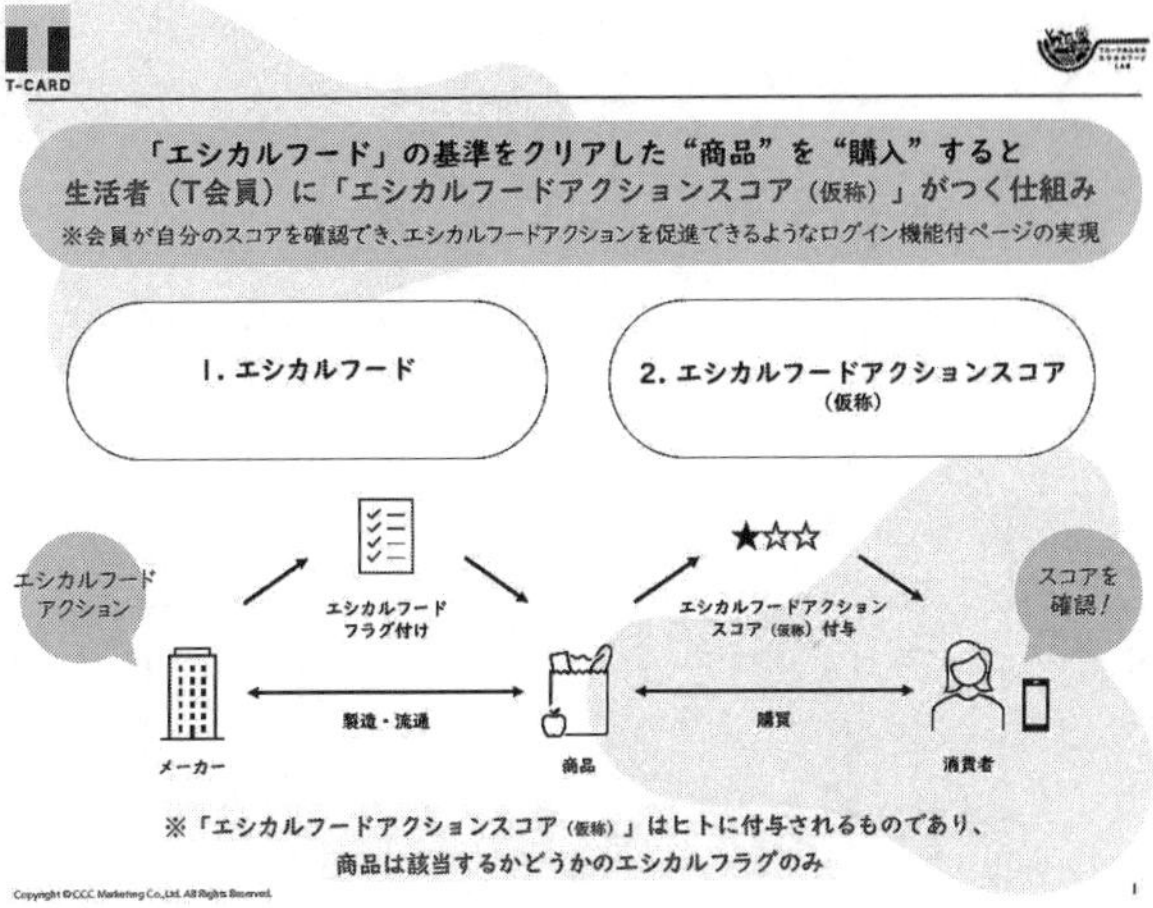
T-CARD
「エシカルフード」の基準をクリアした“商品”を“購入”すると
生活者（T会員）に「エシカルフードアクションスコア（仮称）」がつく仕組み
※会員が自分のスコアを確認でき、エシカルフードアクションを促進できるようなログイン機能付ページの実現
1. エシカルフード
2. エシカルフードアクションスコア（仮称）
エシカルフードアクション
エシカルフードフラグ付け
エシカルフードアクションスコア（仮称）付与
スコアを確認！
製造・流通
購買
メーカー
商品
消費者
※「エシカルフードアクションスコア（仮称）」はヒトに付与されるものであり、
商品は該当するかどうかのエシカルフラグのみ
Copyright ©CCC Marketing Co.,Ltd. All Rights Reserved.

エシカルフードアクションスコアの仕組み

だろう。カルチュア・コンビニエンス・クラブ（ＣＣＣ）傘下のＴポイント・ジャパンが運営する、日本でも有数の規模を誇るポイントシステムだ。消費者はＴポイント加盟店でカードを提示すると、販売額に応じたポイントを取得することができる。一方、Ｔポイントに参加する企業は、どんな商品がどのようなシチュエーションで売れたか、いわゆるＰＯＳデータよりも詳細な購買情報を得ることができ、それを分析することで望ましい販売方法を模索することができる。そういった仕組みだ。このＴカードが「Ｔカードみんなのエシカルフードラボ」という活動の中で「エシカルフードアクションスコア（仮）」という企画を進めている。その名の通り、倫理的に配慮された食品かどうかを判断するための仕組みだ。

エシカルな食品には、Tカードのデータベースの中で「この食品はエシカルですよ」というフラグが付けられる。消費者は何も意識せずに買い物をするわけだが、エシカルなフラグが立った食品の購入はその人のエシカル度として記録されていく。Webサイトなどで確認をすることで、自分のエシカルフード購入度合いがどの程度なのか、見える化できるという仕組みの構築を進めている。

Tカードの会員は7000万人にのぼる。このような大規模なまとまりでエシカルフード購入を見える化する仕組みは、これまで日本には存在していなかった。消費者によりよい購買行動をしてもらうための仕組みでもある一方、食品を作る企業にとっても「エシカルに配慮することが、利益にもつながる」ということを実感できる仕組みと言える。

2022年2月現在、この仕組みの最も重要な部分である、エシカルフードの基準を作成しているところだ。私もこの作業に携わっている。基準作成にあたっては、本書に何度も登場しているエシカル・コンシューマーのロブ・ハリスンにも協力を仰ぎ、世界の動向を重視しながらも、日本の文化に合わせた基準を構築すべく、基準作りに参加する有識者たちと日々議論をしている。

日本エシカル推進協議会の活動と、Tカードみんなのエシカルフードラボの活動以外にも、日本でエシカル消費の普及を進めるための推進力となり得る取り組みが今後、どんどん登場してくるだろう。消費者の立場として、また企業の立場としてでもいい。こうした動きに参画して欲しいと願う。

あとがき

食のエシカルに関して、世界でどのような見方がされ、どのような議論がなされているかについて、可能な限り盛り込んでみたが、いかがだったろうか。確かにこれが倫理的ということだよな、と得心がいったものもあれば、欧米はそんな風に考えているのかと驚くようなものまであったかもしれない。倫理というのは一様ではなく、文化や習俗によって異なるのが当たり前なので、書かれている内容に反発したいということもあったかもしれない。それでもこの本を書いたのは、日本が欧米のエシカル議論にただ追従するだけではなく、イニシアチブを取って新しいエシカルな食のあり方を提示する側に廻《まわ》って欲しいと願うからだ。日本という国の文化、特に食文化には、もっと世界に誇っていいと思えるものがたくさんある。ただ、それらの食文化が世界に受け入れられるためには、エシカル問題への配慮が欠かせないのだ。そういった意味では本書は食のエシカルのゴールを示すものではなく、入り口に立つために最低限必要な知識を提供する役割に過ぎないかもしれない。私としてはそんな役割を果たせれば本望である。

本書に記載したエシカルな食の担い手のみなさんに御礼を申し上げる。いつかみなさんの